愿你与压力握手言欢

你好，压力

心理减压手册

西英俊　徐丽丽　著

中国工人出版社

序

杨凤池

我从事心理学的教学、科研和临床工作已经30多年了，专业工作实践告诉我，应用心理学学科只有满足现实社会的需求，才更具有生命力。因此，在当今这个人们倍感压力的年代，应用心理学的一个重要任务就是通过传播压力管理的科学理念，来帮助人们更好地接纳自己、理解自己、完善自己，进而缓解自己的压力。

时至今日，越来越多的国内心理学专业人员致力于压力管理策略和方法的探索和研究，并且将目前先进的心理学发展理念与我国的本土文化和情境相结合，进而在民众中开展了大量的压力管理实践工作。本书的两位作者西英俊和徐丽丽就是其中的优秀代表。他们把多年的实践心得整理成册，我仔细品读，甚感欣慰。

这本书用生动形象的语言介绍了压力的内涵和来源，并从读者个体自我认知的角度切入，运用人际沟通分析（TA）技术进行解读，对多种压力情境均做了深入浅出的分析。不同于一般心理学教科书的乏味，这本书兼具科学性与悦读性，读起来饶有趣味。我品读此书，一气呵成，阅读期间不愿中断，阅读过程即减压过程，畅快淋漓。

与其他压力管理方面的书籍不同，这本书对压力管理的原理进行了解读，并提供了具有实操性的压力管理策略。例如，人际间的支持原理阐明了关系中的需求和给予的交互作用，对沟通中心理过程的解读生动地描述了不同场景下沟通双方的心路历程，为后面提出的压力管理策略铺垫了运用背景，也为阅读本书埋下伏笔，读起来津津有味，意犹未尽。

最后几部分内容，我认为是能让读者获益的重点。如果读懂并认同了前几章的内容，那么，本书的压轴篇章中所提供的压力与沟通的管理策略、压力与时间的管理策略、压力与情绪的管理策略以及放松技术，读者运用起来便水到渠成。

最后，感谢两位作者邀请我为本书撰写序言，他们的潜心之作值得细细品读。无论是心理学专业工作者，还是对压力管理有需求或感兴趣的读者，均推荐您阅读本书，并祝愿您有所获益，得到滋养。

（作序者系首都医科大学临床心理学系学术委员会主任、教授、博士生导师，中国心理学会首批注册心理督导师，中国心理卫生协会特殊职业群体专业委员会主任委员、北京心理卫生协会理事长、全国心理卫生学科首席科学传播专家）

前言

拨开压力迷雾，开启自主之旅

文 / 西英俊　徐丽丽

压力是与生俱来的，但我们常常忘了，和压力一起来的还有面对压力的能力。

这个能力就是沟通分析心理学（简称TA）创始人艾瑞克·伯恩提到的自主性，包含觉察、自发和亲密。

所谓觉察，是指像新生儿一样，以视觉、听觉、嗅觉、味觉、触觉这五种方法单纯地感受身体的知觉和外界的刺激，既不会加上主观的评判，也不会过滤自己的经验来迎合别人的看法。

长大以后，很多人已经习惯于压抑觉察的能力，没有发挥自己的能量，反而把精力放在用各种名词来评判自己和别人的表现上。尤其是在面对压力的时候，我们习惯于评判或者指责自己或他人，更有甚者会攻击自己或他人。

自发是指选择的能力。面对压力，我们有各种不同的感受、想法和行为可供选择。在本书中，你可以看到，应对压力的时候，我们可以选择5种自我状态：控制型父母自我状态、养育型父母自我状态、成人自我状态、自由型儿童自我状态和适应型儿童自我状态。

就像有觉察的人对世界的体验一样，自发的人会直接对环境有反应，不会漠视现实。自发的人可以用成人自我状态来思考，也可以用自由型儿童自我状态来调动自己的好奇心和创造性，当然也可以使用父母自我状态里的经验。不管哪一种自我状态，都可以配合环境的需要。重要的是，这个过程是有弹性的，是可以选择的。

亲密是指能在关系里开放地分享彼此间真实的感受和需要。也许我们表现的并不是对方期望的，但我们并不担心对方会因此评判我们、离开我们，即无论我们如何表现，都能体会到彼此间的接纳、尊重和爱。

亲密行为不只存在于恋人、夫妻间，还存在于父母与孩子、互相信任的朋友和上下级之间。它会让你在短暂的交往中感受到信任和温暖，是一种真正的人与人之间的关怀。

自主性随每个新生命的降生而来，但在长大的过程中，我们慢慢丢掉了它。每个孩子都需要父母或代替父母功能的人抚养长大，父母也都尽一己之力努力抚育孩子，但大多数人其实不知道怎么去培养一个有自主性的人。我们的文化习惯于把焦点放在如何把孩子培养成顺从、听话的人。这使大多数人失去了自主性，形成了应对压力的僵化模式。

所以艾瑞克·伯恩曾说，每个人生来就是王子，却被父母变成青蛙。

对初生的婴儿来说，生命是单纯的，没有条条框框的束缚。生命的早期，成人会把孩子看成一个神圣的、宝贵的、由自然创造的奇迹，父母眼里的孩子往往是完美无缺、无可挑剔的，父母给予孩子的也是无条件的关注。所以，孩子在早期也赋予了父母足够的信任和亲密。在沟通分析心理学里，这种关注叫作“安抚”。

随着孩子慢慢长大，父母自身的价值观转化成对孩子未来的担心和焦虑。为了应对这些情绪，父母开始对这种关注附加条件。比如，你坚强，我就喜欢你；你做事快，妈妈就高兴；你完美，父母很开心。这是驱力，也是压力的来源之一。本书总结了 5 大驱力：要完美，要讨好，要坚强，要快一点，要努力试。5 大驱力在每个人身上不同程度地存在，它像吊环一样，牢牢牵住我们的双手，我们不敢放松，生怕一不下心就掉下来。

不仅如此，父母自身对压力的应对方式还会给孩子更多的枷锁。比如，当孩子扑上来要跟我们玩耍的时候，我们可能因为工作忙而推开他，这样的情景多了，孩子会感受到被拒绝，得到“不准亲近”“不准重要”的禁止信息；当孩子画了有趣的东西给我们看时，我们的表情很不屑，这是“不准像个孩子”的禁止信息……本书阐述了 12 种常见的禁止信息是如何束缚住我们的双脚，让我们面对压力时无法移动脚步的。

驱力和禁止信息让我们像一个溺水的人，面对压力时无法自救。

不仅如此，书中还提到，面对压力时，我们如何用扭曲情绪掩盖真正的情绪；沟通时，我们如何用隐藏沟通压抑自己真正的需求；人际关系中，我们如何乐此不疲地玩着心理游戏来回避亲密。

当我们还是孩子的时候，虽然对信息的了解有限，但每个人都有选择生存策略的能力，这被称为早期决定：面对环境的压力，我们要决定自己是配合这个压力，还是抗拒它。等我们长大以后，面临类似的处境，我们就会用过去的模式来应对。这就是面对压力的僵化模式。

幸运的是，我们也同样拥有再决定的能力，不论过去和现在，我们都要为自己的行为负起责任。本书的可贵之处在于，不仅帮你发现自己面对压力的僵化模式，同时也给出你去改变的方法。

作为心理学工作者，我们一直致力于用心理学帮助大众提升生活幸福感，我们希望这本书可以把沟通分析的理论与日常的压力管理结合起来，让大家知道心理学不仅仅面对心理疾病，它更关注如何让你发现更好的自己。

我们非常真诚地把这本书推荐给大家。

打开这本书，开启你的自主之旅！

目录

第一章

压力不是坏东西

第一节　了解你的压力

在百度（注：“百度”为一种中文搜索引擎）中输入“压力”二字，可以找到相关结果约一亿个，这说明压力在当前这个时代十分普遍。

为了写这本书，我们在微信群里发起了“压力是什么”的答案征集，收集到了很多有趣的答案。

~压力是少女在月下等情人，既怕他不来，又怕他乱来。

~压力就像胃里面吃了几个馒头，总也消化不了——堵得慌。

~压力是一种复杂情绪，是产生消极自我评价时的内心感受。

~压力与自己的心境有关。自信的时候，压力会成为前进的动力，激励自己克服困难；不自信的时候，压力就像一座大山，压得自己喘不过气来。压力有正面的作用，也有负面的作用，看自己如何看待。

~压力就像手里的弹力绳，松紧取决于自己。

~压力是让你活得更好的催化剂。

~压力是一只老虎，总是在身后追，令人无法停下脚步，必须向前跑。

~压力与你对自己的要求有关。

~压力是脑子里想做，身体潜意识拖延，心里越来越焦躁的感觉。

~压力，是现实与期望之间的距离。

……

以上对压力的诠释，哪些你非常认同，哪些你完全没想到？

现在，邀请你开始本书的第一个练习，用5句话诠释你心中的压力。

压力是＿＿＿＿＿＿＿＿＿＿＿＿＿＿＿＿

压力是＿＿＿＿＿＿＿＿＿＿＿＿＿＿＿＿

压力是＿＿＿＿＿＿＿＿＿＿＿＿＿＿＿＿

压力是＿＿＿＿＿＿＿＿＿＿＿＿＿＿＿＿

压力是＿＿＿＿＿＿＿＿＿＿＿＿＿＿＿＿

一、压力是什么

压力（Stress），也叫应激，最早由加拿大心理学家汉斯·塞利（Hans Selye）于1936年提出。他认为压力是个体觉知的（真实存在的或想象中的）对自身的心理、生理、情绪及精神威胁时的体验，并由此导致的一系列生理性反应及适应行为。

在当代的科学文献中，压力至少有三种不同的含义。

第一种，压力是那些使人感到紧张的事件或环境刺激。如有一份“压力很大的工作”，即把可能带来紧张情绪的事物本身当作压力。

第二种，压力是一种身心反应。比如有人说，“我要参加演讲比赛，我觉得压力好大”。这里，他就用压力来指代他的紧张状态，压力是他对演讲比赛的反应。

这种反应包括两个成分：一是心理成分，包括个人的行为、思维以及情绪等主观体验，也就是所谓的“觉得紧张”；二是生理成分，包括心跳加速、口干舌燥、胃部紧缩、手心出汗等身体反应。这些身心反应合起来称为压力状态。

第三种，压力是一个过程。这个过程包括引起压力的刺激、压力状态以及情境。所谓情境，是指人与环境相互影响的关系。

根据这种说法，压力不只是刺激或反应，还是一个过程。在这个过程中，主动行动者能通过调整行为、认知、情绪的策略来改变刺激物带来的冲击。面对同样的事件，每个人感受到的压力状态程度不同，因为每个人对事件的反应不同，应对方式也不同。

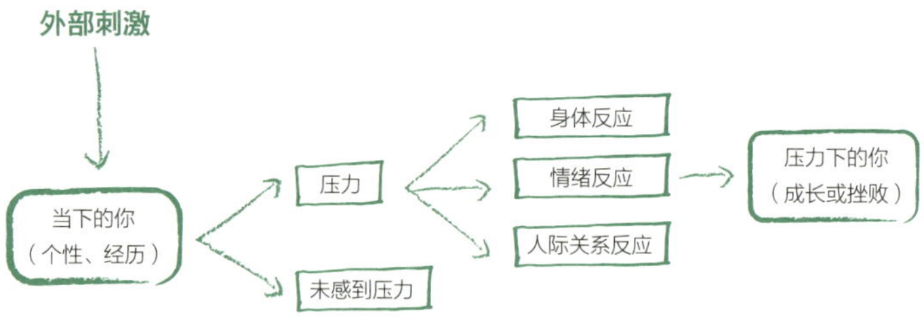

压力产生过程示意图

所以，现在可以得出以下结论：

~ 压力是客观的吗？不全是，有些是想象出来的。

~ 压力一定是坏事吗？不全是，很多时候，压力让我们发现了自己的潜力。

~ 压力会引起不同的身心反应吗？是的，因人而异，不要害怕自己的反应。

~ 每个人都有压力吗？肯定的。

~ 抗压能力和个人的性格、经历有关吗？是的，有很大关系，本书将会带你探讨这部分。

~ 一个抗压能力低的人能改变吗？当然能，这正是本书要做的事情！

面对压力，我们要做的第一件事是接纳和允许，接纳和允许自己对压力的任何反应，不苛责自己抗压能力低，也不苛责他人。正如汉斯·塞利所说："我不能也不应该消灭自己的压力，而是教会自己去享受它。"

接下来，先测试一下自己的压力水平和压力反应。（注：压力水平反映压力的大小）

测试前，请先选择你主观上认为的自己的压力水平：(　)

A.很低　B.中度　C.较高　D.极高

请阅读以下每一个句子，在“同意”或“不同意”上画圈，然后计算选择“同意”项的总数量，并根据最后的解释，判断你当前的压力水平。

1.我晚上入睡困难。　同意　不同意

2.我肌肉紧张或有偏头痛。　同意　不同意

3.我担心自己的财务状况，怕收支失衡。　同意　不同意

4.我希望自己每天拥有更多笑容。　同意　不同意

5.我经常因为工作不吃早餐或午餐。　同意　不同意

6.如果我能改变现有的工作状况，我愿意去做。

同意　不同意

7.我希望拥有更多的时间来休闲娱乐。　同意　不同意

8.最近我失去了一位好朋友或家庭成员。　同意　不同意

9.最近我的婚姻状况不佳或刚离婚。　同意　不同意

10.我好长时间没好好放假了。　同意　不同意

11.我希望自己的人生有清晰的意义和目标。

同意　不同意

12.我一周要在外面吃五顿以上的饭。　同意　不同意

13.我有慢性疼痛。　同意　不同意

14. 我没有很亲密的朋友圈子。 同意 不同意

15. 我没有定期锻炼（每周三次以上）的习惯。

同意 不同意

16. 我在吃抗抑郁药。 同意 不同意

17. 我的人际关系不好。 同意 不同意

18. 我的家庭关系不尽如人意。 同意 不同意

19. 我的自尊水平较低。 同意 不同意

20. 我没有时间冥想或内省。 同意 不同意

计分和解释：

低于 5 分：你的压力水平较低。

高于 5 分：你有中度的压力。

高于 10 分：你的压力水平较高。

高于 15 分：你的压力水平极高。

请将你感觉的压力水平与测出来的压力水平比较。

如果你测出来的压力水平高于你主观感受到的压力水平，说明你的抗压能力较强。在面对一系列压力事件时，你会从主观上弱化它，这能有效地提升你解决困难的信心。但长此以往，你可能会忽视压力带来的负面影响。要注意身体及情绪的一系列信

号，压力过大时，及时放松或求得外部支持。

如果你所测出来的压力水平低于你主观感受到的压力水平，说明面对压力时，你容易感到紧张，易夸大压力事件的严重程度。这会影响你处理压力事件的信心，有时会让你逃避。其实你解决问题的能力比你意识到的要强，身边也有很多资源，不要忽视它们，要从改变自己的态度和信念开始。

如果你所测出来的压力水平与你主观感受到的压力一致，说明你对压力的感觉较为准确。这敏锐的觉察力能帮助你正确评估所面对的压力，并让你采取恰当的方法应对。

二、压力反应

面对压力，人主要有三种反应：身体反应、情绪反应和人际关系反应。

小测试——压力反应问卷

请阅读以下每一个句子，在“同意”或“不同意”上画圈，然后计算选择“同意”项的数量，以判断你的压力反应类型。

1. 工作压力过大时，我常常胃疼。	同意	不同意
2. 我的颈椎（腰椎）不好，肩膀发沉。	同意	不同意
3. 我经常感冒。	同意	不同意
4. 我睡眠不好。	同意	不同意

5. 我一年总会有几次口腔溃疡或牙疼。 同意 不同意

6. 压力大时，我觉得心慌气短。 同意 不同意

7. 我常常觉得疲倦，手脚无力。 同意 不同意

8. 我最近胃口不好。 同意 不同意

9. 压力大时，我感到心烦。 同意 不同意

10. 我越来越没有热情。 同意 不同意

11. 我常常感到沮丧。 同意 不同意

12. 我脾气不好。 同意 不同意

13. 很多工作压在一起，我的注意力很难集中。

同意 不同意

14. 我常常觉得胸闷。 同意 不同意

15. 我遇到困难时没耐心。 同意 不同意

16. 我有时候什么事都不想干。 同意 不同意

17. 我与他人的关系紧张。 同意 不同意

18. 我常常感到很孤独。 同意 不同意

19. 常担心领导对我的工作不满意。 同意 不同意

20. 我对集体活动没兴趣。 同意 不同意

21. 我参加应酬时感觉不放松。 同意 不同意

22. 和我有共同爱好的人很少。 同意 不同意

23. 我对别人的事不感兴趣。 同意 不同意

24. 我做决定时不如以前果断。 同意 不同意

计分和解释：

1~8 项为身体反应，9~16 项为情绪反应，17~24 项为人际关系反应，分别计算你在以上各项选择“同意”的数量，数量最多的为你的压力反应类型。

1. 身体压力型

压力会使人的身体产生某些化学物质，导致身体疲倦、痉挛等症状，对你来说尤其如此。你的压力主要累积在身体中，因此要得到缓解，就应当特别注意放松你的身体。至于具体用哪种方法放松，则取决于你的身体感觉。

~ 你感觉身体沉重：肩膀沉重、肌肉紧张、呼吸困难，经常心跳过快……

方法：放松自己。除了瑜伽等运动，你还可以进行呼吸练习。遇到红灯或排队时，呼吸练习可以让你不再急躁，平静下来。

~ 你感觉身体疲乏：没精神、常常疲惫不堪，即使经常睡觉或打盹，还是犯困。这是因为压力使你的身体始终处于紧张状态。如果让身体保持静止，反而会阻碍其释放压力。

方法：运动。别相信你的疲倦，去运动吧，不仅在周末，每天都可以进行半个小时的匀速步行，走楼梯而放弃电梯，走路去购物，等等。

~ 身体没有任何感觉：大量的脑力活动会让你快“忘了”自己还有个身体。

方法：宠爱自己。在日常生活中，通过一些简单的行为宠爱自己：泡热水澡，按摩你的手、足、腿，用一张大毯子把自己包裹起来，或者找个周末去海边放松。这些能唤醒你的感官，身体各种感觉能够帮助你排空大脑。

2. 情绪压力型

压力会让人觉得不舒服，因为它会导致一些负面情绪：恐惧、愤怒、沮丧……这些负面情绪对人体是有害的。你会发现，要疏通自己的情绪非常困难。同时，它也会影响你的世界观。你有时爱用批判的眼光审视一切，想法总是悲观的。所以现在，你亟须给自己的生活注入一些积极的情绪。

~ 没有属于自己的时间：打开备忘录，你会发现自己所有的时间都花在别人身上，或用于完成一些强制性的任务。你经常感到沮丧、不被理解，面对各种强加的义务，感到无能为力。

方法：让自己高兴起来。每天做一件让自己高兴的事，哪怕时间再短。例如，离开办公室前，读一页你最喜欢的书；在两次会议中间，给你最好的朋友打个电话；在阳台上而不是在电脑前喝咖啡；时不时地会心微笑，将使你觉得周围环境变得更加轻松。

~ 过于在意生活中的所有细节：你喜欢夸大所发生的每件

事，凡事不愿让步，缺乏容忍力。

方法：逃离现实，为自己新建立一个想象的世界。例如，在一张白纸上随意涂写；去电影院看电影，去剧院看演出；在角色扮演游戏中，假装自己经历了一场灾难等。找到一个负面情绪排遣的空间，并不意味着逃离现实。你会发现，人可以从暂时的逃离中得到滋养。

~ 工作是你唯一的激情：你很幸运，能从事自己喜欢的工作，这是好事，但也可能变成一个陷阱。当工作成为让你上瘾的“毒品”时，后果有时是灾难性的：焦虑、健康问题、压抑，更不用说它对家庭、生活和人际关系所造成的恶果。

方法：找到新的爱好。在成长过程中，你肯定曾经放弃过某个童年时的梦想吧，重新找到它，并勇敢地去实现它。想学外语？去报名参加培训班吧。想学画画？那么，每天花一个小时去画画……如果你从事的工作以脑力劳动为主，就尽量选择一个可以调动你的身体和感觉的兴趣爱好。

3. 人际关系压力型

压力与人际关系在两方面紧密相关。首先，在工作或家庭中，他人是最主要的压力来源；其次，人是社会动物，当产生压力时，往往会对人际关系的需求左右为难，通常会根据不同情况找不同的解决方案。

~ 你觉得别人是敌人：你的不信任感比较强烈，以至于在面对陌生人时，总会觉得不舒服。你不怎么说话，或者仅仅是敷衍几句。问题在于，你过于压抑自己的情绪。

方法：学会信任别人。在你的身边肯定有某个你可以完全依赖的人，真诚地同他谈谈你的感受。这些谈话可以训练你更加自如地在其他人面前表达自己的想法，并且帮助你更放松地与他人相处。

~ 你觉得自己孤立无援：在工作中，你觉得自己只不过是链条中的一节，你感觉不到行动的意义。

方法：融入某个团体。组织一场朋友间的聚会或晚餐，多和亲人交流。

~ 你对社会的看法过于黑暗：你觉得凡事都很糟糕，怀念对某些价值格外推崇的年代。你希望一切有所改变，但对此不抱什么希望。

方法：培养利他主义精神。相信你可以在日常生活中做一些简单的努力，实现一些小改变。例如，帮助某个同事；静下心来听朋友诉说；真诚感谢他人的帮助；做一些慈善事业。总之，向别人敞开心扉，可以使生活变得更加美好。

第二节　压力从哪里来

知道了压力的反应，现在我们需要到压力的源头看看：哪些刺激会被我们识别为压力？为什么是这些刺激？

在我们周围，每天都有很多事情发生。哪些事会被我们识别为压力呢？来看下面这些例子。

案例 1：我是个好妈妈吗？

晓雅，单亲妈妈，最近压力很大。青春期的儿子自从上高一后，各种折腾，三天两头不想去上学，自己偷着喝酒，手机不上交。她每天提心吊胆，最怕接到老师的电话。当咨询师问她："孩子这样的时候，你是什么感受？"她一下子哭了，说："我一个人带孩子，总觉得对他有愧疚，生怕带不好他。"

我们能看到，晓雅儿子的情况其实和所有青春期的孩子都差不多。但晓雅的反应比较大，因为她一直担心自己是不是一个合格的单亲妈妈，所以孩子一有风吹草动，她就瞬间压力山大。

案例 2：先生得了癌症，我们该怎么办？

梦依的先生得了癌症，经历多次化疗后，感到身心俱疲，痛苦万分，脾气也越来越差，动不动就冲着梦依和孩子发脾气。梦依自己的压力也很大，所以有时情绪也难以控制，甚至与先生争吵。但争吵完后，夫妻俩都为此后悔内疚，却不知道如何示好。

案例3：丈夫总是指责我。

悦勤的丈夫在生气的时候，总是使用语言暴力，如“你还不去死，活着有什么用？废物一个！”“你活着就是在浪费粮食！”这让身边人的感受很糟糕，悦勤不知道怎样和他沟通。

案例4：和先生教育理念不一致怎么办？

柳晶和先生在教育孩子方面有很多分歧，先生对孩子要求很多，注重细节，很苛刻。柳晶有点大大咧咧，对孩子要求比较宽松，但性子急。所以，她一看到先生对孩子吹毛求疵就很生气，两人经常吵架。孩子看到他们争吵，有时会被吓哭，性格也越来越软弱。柳晶不希望家里总充满火药味。那她该如何跟先生沟通，改变他教育孩子的做法呢？

案例5：和寝室室友处理不好关系怎么办？

最近，藤红同寝室的室友不和她说话了，而且总在背后议论她。她因此感到很郁闷，也很孤独。藤红想知道该怎样与她们相处。

一、压力的源头

在以上 5 个案例中，每个人都在经历着不同的压力。我们能看到，这些压力来源于以下 3 种关系：

自己与自己的关系：悦纳自我或者否定自我。

自己和他人的关系：悦纳他人或者怀疑他人。

自己和环境的关系：积极适应环境或者挑剔指责环境。

在每一种关系中的“自己”，都有一个“理想自我”，它随时都在评估“自己”是否达到了“理想自我”的标准。而评价的标准来自两个方面：一方面是自我感受和评价，另一方面是通过与他人或环境的互动，看自己是否得到认同。

案例 1 中，作为单亲妈妈，晓雅总觉得自己愧对孩子，生怕自己带的孩子发展不好。所以，孩子只要一出点儿问题，晓雅心中就开始质疑自己：我是个好妈妈吗？

案例 2 中，丈夫得了癌症，这是家庭的危机事件，夫妻双方都承担着很大的压力。丈夫身体上承受着病痛，心理上也承受着愧疚感，对自我的否定会让他情绪失控。而妻子要处理家庭琐事，保证整个家庭系统正常运行，会经常觉得力不从心，内心也会否定自己。夫妻俩都自我否定，因此争吵也就是必然的了。

案例 3 中，悦勤的丈夫是悦勤非常重要的“他人”，与她有很重要的亲密关系。他对悦勤的评价非常重要，他对悦勤的不认同必然会影响悦勤的自我评价。

案例 4 中体现的是家庭中最常见的压力。当柳晶和丈夫携手走进婚姻后，在思维方式和行为方式上有很多差异。他们需要面对的是，夫妻之间是要求同存异达成一致，还是要争论“到底是你对，还是我对”。

案例 5 中，藤红处在一个对自己不认同的环境中，也在挑战她对自我的评价。

在这 5 个案例中，我们能看到，一个刺激事件是否被我们识别为压力，取决于这件事是否影响我们对自己的评价。

二、压力的核心——心理地位

在成长的过程中，我们会对自己和周围的人产生某些坚定的信念。这些信念会持续一辈子，可以简单分为：

~ 我是好的；

~ 我是不好的；

~ 你是好的；

~ 你是不好的。

把这几种信念组合起来，我们可以得到关于自己和他人的 4 种看法：

~ 我好，你也好；

~ 我不好，你好；

~ 我好，你不好；

~ 我不好，你也不好。

我们把这4种看法称为心理地位，以说明“你”和“他人”在你心里的位置。心理地位是人存在的基本态度，代表一个人从什么立场来感知自己和他人的基本价值。也就是说，一个人用什么标准来判断自己是有价值的、是好的，别人是有价值的、是好的。

心理地位就像一个人的心理脊梁，如果我们的心理地位处在一个比较积极的、正向的选择里，那么无论在什么情况下，无论我们面对什么样的人，面临什么样的事情，我们的脊梁都是挺直的。但是现实中，当我们处在一个不利的位置上，或者见到在某方面比我们强的人时，比如见到比我们富裕的人或者比我们漂亮

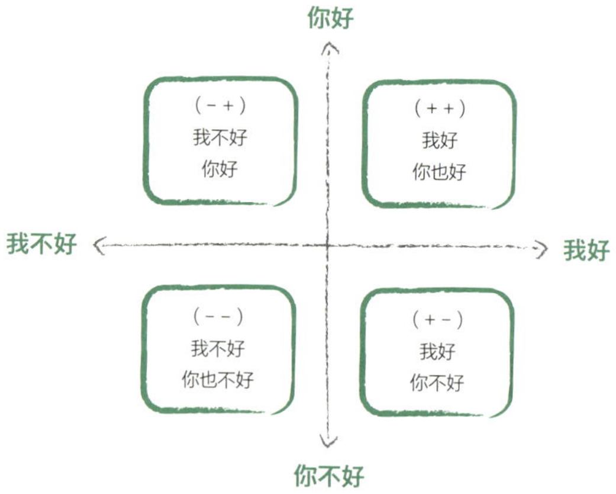

4种心理地位示意图

的人时，我们的挫败感或者压力感就会油然而生，不由自主地觉得在人前矮了一截。

心理地位是我们人生的基石，孩子一旦接受了某种态度，就会把整个人生建立在这个基础上。一个牢牢地认为“我好”的人，在大多数情境中，遇到压力和困难，都会想办法去面对和解决。他不会被压力压倒，更不会否定自己。

1. “我好，你也好”

选择“我好，你也好”的人会客观地接受彼此的差异，接受每个人的特殊性，能开放性地保持沟通，建设性地解决问题。他对其他人和环境的期望都有确实的根据，不会生活在理想化的幻想之中。这种人通常有能力成为人生赢家，他看自己是好的、有能力的，也认为父母是好的、值得信赖的，然后把这种观点推及别人身上。

2. “我不好，你好”

选择“我不好，你好”的人，遇到刺激事件，总是容易否定自己，归罪于自己，也容易把事件识别为压力，并且会夸大压力的严重程度。他总是觉得不如别人。为了符合自己的心理地位，他经常以受害者的角色出现，最后会度过平庸或者失败的一生。

这样的人会比较抑郁，经常觉得自己低人一等。他会认为自己什么都不如别人。同时会把自己好起来的希望寄托在别人身上。别人对他好，他才能够好；别人如果对他不好，他就没有办法让自己好起来。所以，在职场上或生活中，这种心理地位的人觉得必须靠他人的恩惠才能过日子。当感觉到别人对自己不够重视时，压力就会很大。

另外，处在这种心理地位的人一方面期望得到别人的帮助，另一方面又不满意于他得到的帮助，所以他生活的满意度会比较低。实际上，我们讲的心理地位上的"好"，是一种哲学层面的态度，是一种对自我存在价值的认同。它和你现实中考试是不是拿了高分，或者工作中是不是有很高的成就并没有直接的关系。

比如，我们会发现，在学校里特别自信的孩子，并不都是那些学习好的孩子。有的孩子可能成绩数一数二，但只要考试稍微出点错，或者说他以前每次都得第一，偶尔一次没有得第一，他一下子就会觉得自己特别失败，而且很难承受这样的失败。有的孩子在考入名校以后就受不了了，因为他过去每次都是第一名，现在居然出了前十名，或者连奖学金都没有拿到，由此产生严重心理问题。所以这个时候的"我不好"，就是因为对自己有一个很严苛的条件，达到那个条件才是"好"，达不到那个条件就是"不好"。

虽然很多家长和老师已经注意到了这一点，然后去跟孩子说"没关系，你考成什么样都可以"，但是他们发现，对于初中的孩子或者高中的孩子来说，这样的一个允许已经太晚了，因为那个"我没达到条件就不够好"的概念已经深深地植入他们心里。所以这个时候，孩子们会把自己那种感觉“好”的希望寄托于别人，寄托于是否满足了别人的要求。

同样，很多人在职场上已经很成功了，但是他们依然会把自己是否“好”的标准放在别人那里。如果别人对他们满意，他们就是“好”的；如果别人对他们不满意，他们就是“不好”的。他们永远会觉得别人有资格、有能力决定其“好”还是“不好”，所以始终靠着别人的脸色或者别人的恩惠来过日子。

3.“我好，你不好”

“我好，你不好”和“我不好，你好”这两种心理地位可能会同时出现在一个人身上。也就是说，当他面对比其更权威的人时，心理地位就是“我不好，你好”；当他面对那些比他弱的人时，他马上就会产生“我好，你不好”的心理地位。

选择“我好，你不好”心理地位的人，必须把别人的地位压下来，自己才能出头。他想掩饰自己的弱点，极力否定别人的优点，总是以高高在上的态度对待别人。表面上，他看似赢家，但因为时时要掩盖自己的不足，会经常处在紧张之中，不会放松自己。当周围的人不愿意老被压制而排斥他时，他就会从表面上的赢家转为输家。

另外，有“我好，你不好”心理地位的人相对来说会有一些傲慢，看问题会有些偏执，他会认为自己说的才是正确的，别人说的都是错误的。他的眼睛像放大镜，能够特别稳、准、狠地看到别人的一点点瑕疵。也就是说，别人的工作可能已经做得很好了，但是他可以瞬间从里面找到一点点错误，然后会说要是“怎样、怎样”就更好了。所以，有这种心理地位的人在生活中容易讥笑配偶、否定孩子。他们难以结交到好朋友或者难以稳定朋友间的关系。因为他们总会觉得这个朋友身上有问题，那个朋友身上也有问题。

有“我好，你不好”态度的老板会不停地炒掉雇员，他觉得所有的人都达不到他的要求。生活中每个人都可能出错，我们不可能具备所有的能力，也不可能完美地解决所有的问题。但是持有“我好，你不好”态度的这些人，对这些情况的包容性就会差一些。有时候他们甚至会想象出来一些错误，或者是把一些很小的错误放大。

4.“我不好，你也不好”

选择“我不好，你也不好”心理地位的人相信人生是徒劳无益的，他对自己充满了失望，认为自己是没有价值、不可爱的，也不相信别人会帮助他，因为别人也是不好的。所以，他的一生都处于拒绝别人和被别人拒绝的情境里，最容易形成失败者的人生脚本[①]。

① 人生脚本是指我们打算如何过一生的计划。每个人制订这个计划的时候还只是个孩子，这个计划基于你当时对世界的了解。一个健康的人有能力在人生的后续阶段，根据需要来改变自己的脚本去收获更幸福、成功的人生。

在生活中，每个人通常会具有一种主要的心理地位，也会不同程度地具备其他三种心理地位。当然，有一些人会在不同的心理地位间比较剧烈地摆动。比如，有人时而持有“我好，你不好”的心理地位，时而又持有“我不好，你好”的心理地位，会在这两个心理地位之间快速甚至急速地摆动。所以，我们会发现，这类人有时非常狂妄自大，觉得自己特别厉害、了不起。但是一旦遇到一点挫折，他就觉得自己很倒霉，一切不好的事情都让自己赶上了，自己怎么这么差劲，自己还能干什么呢？这样的人压力感会比较强，情绪也会更加不稳定。

三、心理地位是如何形成的

我们认为，所有孩子在出生后的第一年或第二年就得出了“我不好，你好”的结论。孩子刚出生时，由于自己的脆弱，不得不事事依赖父母或如父母一样的养育者，以得到食物和照料。在依赖过程中，他们显得那么无助：正盯着一只可爱的猫，妈妈却把他的头扭过来；已经吃饱了，嘴里还一次次被塞入奶头；想拿自己看到的玩具，父母却怎么都不明白是哪个；身体不舒服，哇哇大哭，父母却不明白他怎么了。因为我们无法与那么小的孩子用语言交流，即使是非常耐心又聪明的父母，也不可能完全理解孩子的需求。所以，每个孩子在成长的过程中都会不同程度地体会到“我不好，你好”的挫败感。

幸运的是，很多父母可以做到无条件并始终如一地关注孩子。他们会敏锐觉察到孩子的各种需求，不断增加对孩子个性的了解，在孩子长大的过程中，耐心地陪伴，给予可靠的指导，并亲自示范，让孩子感受到在这个世界上，父母是值得信赖的，这个世界是安全的，是有人在意他的感受的。当他需要帮助的时候，他是可以得到帮助的。在这个过程中，孩子不断增加自己的思考和行动能力，发展自己的潜力，慢慢摒弃原有的“我不好，你好”的心理地位，建立起“我好，你好”的心理地位。这就是有些人会比另外一些人自信的原因。

可见，父母的养育方式决定了一个人的心理地位，而不同的心理地位会影响这个人未来的生活、学习和工作。如果一个孩子是在父母的爱、认可和耐心陪伴、教育下成长起来的，那么他的心理地位可能就是“我好，你也好”。当他在家庭里形成了这种相互信任的心理地位，则即便在学校因为成绩不好被老师留下，他也会认为“老师对我真好，知道我没学会，要单独教我”。但相反，如果另一个孩子总是在家里得到这样的评价——你怎么这么笨，你看看隔壁的孩子，人家上学多省劲儿，那他在学校被老师留下了，他的反应很可能就会是“这老师就是看我不顺眼，跟我过不去，反正我也学不好了”。

当人们确定自己的心理地位时，会有一些类似以下的结论。

一是关于自己的：我很漂亮；我很可爱；我充满智慧；我运气

很好；我什么事都能做；我会拥有自己想要的东西。当然也可能是负面的：我命不好；我太笨了，我什么事都做不好；我长得不好看，也很无能；我反应总比别人慢；我不擅长处理人际关系。

用十句话描述当下的自己：

1. 我是 ________________

2. 我是 ________________

3. 我是 ________________

4. 我是 ________________

5. 我是 ________________

6. 我是 ________________

7. 我是 ________________

8. 我是 ________________

9. 我是 ________________

10. 我是 ________________

你可以看一下，在这个练习中，你比较关注哪些方面，有哪些是对自己的认同，有哪些是对自己的否定。

二是关于他人的：他对人真热心；他真帅；他思路真清楚；他脾气真好；他是值得信任的人。反之也可能是：他太过分了；他太自私了；他不可能真正对我好；他的成功是靠贬低别人实现的。

由上可以看出，心理地位决定我们一生的基本态度，并在压力事件出现时影响我们的认知、情绪，并决定了我们最后的行为。

另外，心理地位还具有性别上的特点。因为每个人最重要的身份就是自己的性别角色，所以，心理地位中有一个很重要的内容就是我们对自己性别角色是否认同。比如，我是不是个好男人，我是不是个好女人。再扩展一些，即我是不是个好丈夫（好父亲、好儿子），我是不是个好妻子（好母亲、好女儿）。

如果在这个方面我们否定了自己，或者别人否定了我们的这些角色，我们也会有很大的压力。比如，作为女人，我是不是有魅力，是不是温柔，对男人是不是有吸引力；作为男人，我是不是够强大，是不是拥有足够的能力让家人过上想要的生活……很明显，类似这样的心理地位肯定会影响我们在两性关系中的表现。

心理地位一旦形成，我们就会无意识地强化它、验证它。不健康的心理地位会让我们更多地进入压力情境，一次次体会挫败感。所以，压力的源头就是我们内心对自己是否有足够的认同，自己是不是够“好”。一旦我们离开“我好”的心理地位，压力就出现了。我们每个人所在的组织和环境中都有相应的标准。当我们达不到或不符合这个标准时，我们就会认为自己“不好”。比如，大龄单身、没买房子、孩子不上补习班等都可能成为“我不好”的来源。

在这种情况下，一方面，我们需要有所准备：如果想要拥有自我生活空间，就不要奢求大多数人的理解和接纳。我们要告诉自己，这是正常的，要坚持自己的选择，不要在解释、求得认同上浪费太多时间。另一方面，如果我们顺应并选择了主流的生活方式，那也要做好准备：我们需要牺牲一定的自我空间，要为自己的选择负责，承担后果。

四、心理地位的内容

每个人心理地位的内容都不同，家庭的差异、受教育程度的差异、性格的差异都会让我们用不同的标准来评价自己。下面是影响心理地位形成的一些常见内容，你可以看看自己更在意哪些方面，哪个方面会让你感觉到“我不好”，那也许就是你的压力源和导火索。

1. 金钱

~ 你的父母对金钱问题的态度如何？对失业的威胁及突如其来的横财有何看法？

~ 你的家庭的生活容易而且顺利吗？

~ 你的父母把钱花在什么地方？谁控制经济大权？他们的开支如何反映出他们的身份？

写下你对金钱的态度：

我认为金钱是______________________________

我认为金钱是______________________________

我认为金钱是______________________________

2. 财产

~ 你有最偏好的财产吗，如房子、车还是衣服？如果有，你觉得这些东西比人还重要吗？或者相反。

~ 家里要购置重要财产时，是由谁决定的？

3. 性别角色

~ 你的父母对男性和女性的态度如何？

~ 你父亲尊重你母亲吗？

~ 你母亲尊重你父亲吗？

~ 你的父母扮演他们自认为男性化或女性化的角色吗？在这个前提下，家庭杂事由谁做？

~ 他们在家庭中划分势力范围吗，即是否有所谓“父亲的”或“母亲的”的概念？

~ 你听过父母说过这种话吗？——“你的母亲吵起来像疯子”或“你的父亲像个男人吗”？

~ 你的父母在外人面前表现得恩爱还是疏远？

4. 消遣与娱乐

~ 你的家庭平时有什么娱乐活动？在什么地方？家人能玩到一起吗？

~ 你的家庭会邀请什么客人来家中做客？由谁邀请？

5. 外貌

~ 你赶时髦吗？

~ 你对自己的外貌满意吗？你觉得异性的长相重要吗？

~ 你注重穿着吗？

~ 生活中，有没有哪些人的衣着、尺寸、化妆、样式、身体特征或装扮习惯令你反感？

6. 教育

~ 你对教育的看法如何？你觉得教育是人成功的唯一途径，还是只是一种达到目的的工具？

~ 你的教育程度如何？你对自己接受的教育满意吗？

~ 家人对你的学校、你的老师感觉如何？

7. 工作

~ 你的职业如何？你满意自己的职业吗？

~ 家人对你的职业看法如何？你对他们从事的职业有何看法？

~ 你希望孩子从事与你相同的职业吗？

~ 你对于什么是男人的职业和什么是女人的职业有什么特殊看法？

8. 价值观

~ 你的家庭有什么典型的道德观和伦理价值观吗？

~ 这些价值观与宗教背景有无关联？

~ 你的家庭成员有宗教信仰吗？如果有的话，你也加入了吗？怎么加入的？

~ 你们对不同信仰的人有截然不同的态度吗？

9. 家人之间的沟通方式

~ 你和父母说话时的态度如何？

~ 你能回想起父母在与你说话时所用的字眼和声调吗？

~ 你和父母能够倾听彼此说话吗？能不能互相理解？

~ 在哪些事情上，你和父母会彼此影响？在哪些事情上，你们完全不能沟通？

10. 职场沟通

~ 在职场上，你看不惯的人多吗？

~ 遇到不能沟通的人和事，你一般怎么应对？

~ 职场中，你情绪失控的时候多吗？

11. 家庭用餐气氛

~ 你的家庭用餐时气氛如何？允许说话吗？

~ 你们一般在餐桌上聊些什么？

~ 你们吃饭时会吵架吗？

~ 有什么特别的仪式吗？

~ 你们彼此之间的饮食习惯一致吗？

~ 吃饭的时候是一段痛苦的、快乐的或是两者兼具的时光吗？

审视以上这些内容，了解你心理地位的内容为哪些。

咨询室　心理地位是如何放大压力的

张竞要参加一场重要的考试。以他的专业能力，导师和周围的人都认为他没有问题，他却非常焦虑。他担心自己不能准时到达考试地点，担心考试要用的录音设备有问题，担心自己到时候大脑一片空白，担心自己会很倒霉地遇到变态考官。

当他和咨询师一起讨论这个过程的时候，他能意识到自己担心的这些事发生的可能性非常小，但这并不能降低他对考试的焦虑。后来，咨询师问他考试对他意味着什么，他说是关键时刻。咨询师又问，对于关键时刻，在他的大脑中，有些什么记忆。他马上想起了一句话：关键时刻掉链子。他说，这是他妈妈经常对他说的话。

咨询师又问，在考试这件事情上，你掉过链子吗？这时候的张竞才意识到，自己在所有的考试中都出奇地顺利，从来没有掉过链子。后来，咨询师和他一起探讨了妈妈的表达方式，发现妈妈说话确实很随性，不客观，而且指责起别人来毫不留情。

所以，妈妈这种催眠式的表达让张竞真的有了“自己关键时候会掉链子”的记忆。也就是说，在应对重大事件这方面，他形成了“我不好”的信念，所以也有了相应的焦虑感。

我们的大脑就像一台高度保真的录像机，它把我们生活中的重要事件记录了下来，这些重要事件也包括父母对孩子的评价。

进入我们记忆的不只有事件、评价，还有与之对应的情感和身体反应，所以张竞会被直接唤起焦虑情绪。过去的这些记忆会让张竞离开“当下”，离开“事实”，竟会完全漠视自己在考试上的成绩，回到过去的担忧中。

你可以翻一下自己小时候的相册，看看自己在不同年龄阶段的照片。照片里的你那时候快乐吗？有哪些记忆还在你的脑海里？看一下镜子里现在的自己，你皮肤和身体里的组织细胞已经经历了成千上万次新陈代谢，和小时候相比，你已经有了太多的能力。但过去的情感和记忆还在影响你，是时候和那些“我不好”的记忆说再见啦！

第二章

你和你的压力

第一节　应对压力中的 5 个“自己”

在本书的开始，大家对“什么是压力”的问题，给出了很多的答案。有人认为，压力是动力，是机遇，能坦然应对；有人认为，压力像一座山，让自己寸步难行。对压力的感受和我们的人格特质密切相关。在心理学中，人格是指个体特有的特质模式及行为倾向的统一体，又称个性。

一、认识 5 个“自己”

人格一词来自拉丁文 persona（面具）。个体的人格是非常复杂的，它包含个体的认知模式、情绪特点、意志力、行为方式等，受到遗传、家庭动力、社会环境及个人经历的影响。鉴于压力和人格的紧密关系，我们可以运用沟通分析心理学创始人艾瑞克·伯恩（Eric Berne）于 20 世纪 60 年代创立的沟通分析理论来了解自己的人格特质，以便从根本上提高自己应对压力的能力。

艾瑞克·伯恩创造性地把人格结构分为父母（Parent）、成人（Adult）、儿童（Child）三种自我状态，这又被称为 PAC 人格理论。该理论的哲学理念包括了对人、对生活、对改变的看法。

首先，人是好的，每个人都有自己的价值和尊严，人与人之间是平等的。

其次，每个人都有思考的能力。

最后，人会在童年时选择自己的命运之路，而这个早期的选择在成年之后是可以改变的。

根据这个哲学理念，我们可以提出应对压力的态度：

首先，应对压力，每个人都有自己的潜能。

其次，应对压力，每个人都有自己思考的能力。

最后，每个人既能在童年时决定自己应对压力的方式，也能在成年后改变这种方式。

PAC 人格理论来自以下三项你不会反对的事实。

①每一个成年人都曾经是孩子。

②每一个脑部功能良好的人，都有适当应付现实的潜能。

③每一个成年人都有父母或功能等同父母的养育者。

基于以上事实，艾瑞克·伯恩把每个人都有的父母、成人、儿童三种自我状态放在一起，构建起完整的人格模式。我们可以把它们画成三个相切的圆圈，各以其第一个英文单词的大写字母为名，形成 PAC 模式图。

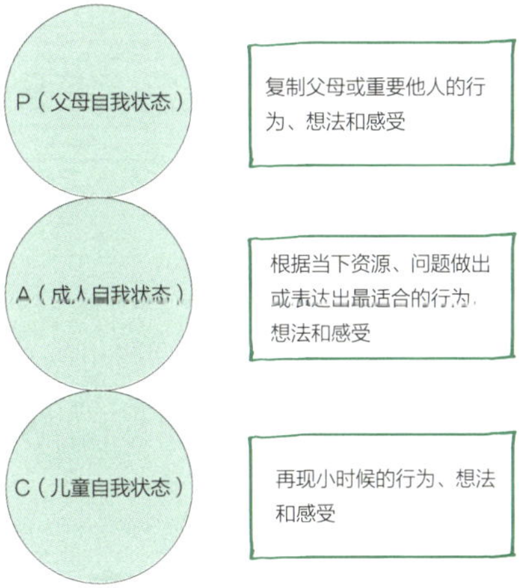

从这个PAC模式图中我们可以理解，同一个人在不同情境下的状态是不同的。一个经理人向他的上司汇报工作时是一种心理状态；晚上下班后，和朋友喝酒时是一种心理状态；回到家，发现孩子闯祸了又是一种心理状态。在这些不同的场合中，不仅他的语调有变化，他的想法、感受和行为也都不一样。

对三种自我状态的详细介绍如下：

1. 父母自我状态（P）

当一个人处于父母自我状态时，他的行为、想法和感受都是在复制他的父母或其他权威人士。

当我们还是孩子时，我们的大脑像录音机一样记录了父母的行为。这其中，有做人的准则，如对朋友要真诚，不义之财不能拿；有好的经验，如要想将来有成就，就一定要努力学习；当然也有他们的教训，如年轻的时候贪图享乐、不思进取，老了一定会后悔；还有他们的恐惧，如被朋友陷害过的人，会告诉自己的孩子不要相信任何朋友。

由于当时的我们还小，对信息没有筛选能力，便将接收到的信息一股脑儿地保存下来，当作自己为人处世的法则。有的孩子比较早离开父母，生命中会出现其他的重要权威人士，如老师、亲戚等，他可能有机会发现父母说的不一定是对的，所以会修正来自父母的信息。

还有一些孩子很不幸，会遇到个性完全相反的父母，如内向的爸爸说“人不需要那么多朋友”，而外向的妈妈则说“人应该有很多朋友”。有一个高中女孩就有这样的父母。虽然她的父母已经离婚，但她经常处在这样的纠结之中，按妈妈说的做，爸爸不高兴；按爸爸说的做，妈妈不认同。

所以很多时候，我们的压力源之一是权威人士的意见不同，或者权威人士的意见和我们自己的想法不一致，导致我们无所适从。

父母影响我们的不仅仅是外表，还包括思想、感觉和行为。这种影响之深，超乎我们的想象。我们从一个人关爱他人的方式，就能感受到他父母对他疼爱的程度。反之，看到他如何惩罚或指责别人，也能推断他的父母对他的处罚是否公平或带有偏见。

父母对待孩子有时像春天般温暖，有时又像秋风扫落叶般冷酷。父母传递给孩子的情绪，就像土壤和气候对于植物的影响，会塑造出不同的孩子。有的孩子成了松树，有的孩子成了苹果树，有的孩子则成了带刺的玫瑰。

父母自我状态分为两种：

（1）控制型父母自我状态（Controlling Parent, CP）

这种状态下的人喜欢控制人、控制事情、控制过程、控制细节和结果，习惯于发号施令、指导别人，并非常擅长发现并指责对方的错误。他们的口头禅是“应该”“必须”“你不知道吗”。

处于控制型父母自我状态的积极一面：具有权威感，坚持原则，道德感强，做事有规则等。消极的一面：过分强求、指责别人，对别人禁忌多，惩罚多于保护，有高高在上的感觉，看不起别人等。

处在这种自我状态的人，如果发现别人不受自己控制，或者有事情失控，就会有很大的压力感。

（2）养育型父母自我状态（Nurturing Parent，NP）

这种状态下的人像妈妈一样温暖，有很强的亲和力，喜欢把别人当成需要照顾的孩子，给予关心、爱护和鼓励，甚至有时会帮别人包办一些事。他们的口头禅是“你怎么样”“放着吧，我来”。

处于养育型父母自我状态的积极一面：关心、爱护别人，有服务精神和献身精神，关心别人多过自己。消极的一面：看不到别人的潜力，有时对别人过分保护。

如果以真诚尊重的立场来帮助别人，比如同事可能需要帮助的时候，说“这件工作需不需要协助？如果有需要就告诉我”，这就是正面的养育型父母自我状态。如果不顾对方的意愿，漠视别人能力而一一包办，就像生活中那些“令人窒息的母亲”看不到孩子的能力，一味溺爱，就是负面的养育型父母自我状态。

处于负面养育型父母自我状态的人，会因为过度关注他人的需求而疏于关注自己。当发现自己有了需求，别人又做不到像自己对他们那样好时，他们就会感到失落、委屈和不满，这是让他们产生压力的典型情境。

2. 成人自我状态（A）

当一个人处在成人自我状态时，他的想法、感受和行为是针对此时此地的反应，他能认真负责地对待当下发生的事情，分析情境、对方和自己的角色，并做出适宜的反应。成人自我状态像一台巨大的电子计算机，主要功能是积累资料、分析处理数据，并整合资源以应对问题。人处在成人自我状态时，解决问题是非常高效的，并且不会受过去经历的限制，很容易发挥出自己的潜能。

成人自我状态的典型特点是不会人云亦云，能独立思考并解决问题，不受权威人士的影响。

我们在很多时候缺乏成人自我状态。比如，盲目追星就是一个典型的表现。盲目追星的大部分人没有自己真正喜欢的东西，也不知道如何安排自己的时间、如何放松自己，所以很容易沉浸在明星的娱乐世界中。

3. 儿童自我状态（C）

当一个人处于儿童自我状态时，其行为、想法和感受都是其童年经历的重演。例如，你有一个非常严厉的母亲，小时候你每次表现不好，她都会严厉地批评和责骂你。这种童年经历可能会让你在成年后对女性权威产生恐惧，当你在单位遇到一个严厉的女上司时，你面对母亲时的那种反应可能会重演。你把写的报告交给她之前，可能心跳加速；如果你犯了错误，在进她的办公室前，你可能要徘徊很久，这可能是你职场上主要的压力源之一。

每个人都有儿童自我状态的一面。当一个人以儿童自我状态与他人相处时，他的行为、想法、感受就会像个孩子。由于儿童的语言表达能力还不够强，因此儿童的反应常常是情绪性的，也有一些是躯体性的，如紧张地哆嗦等。所以，当一个人有这样的表现时，常常被评价为幼稚、不成熟、感情用事、任性。其实，儿童自我状态是我们人格中非常重要的一部分，这个状态真实地记录了我们童年的感受，还有非凡的创造力和直觉力。

儿童可能是淘气的，也可能是听话的；可能是快乐的，也可能是忧伤的。我们任何人，无论年龄多大，想想看，你有没有出现过孩子一样的感觉、思想或行为？

根据表现和功能不同，儿童自我状态分为两种：

（1）适应型儿童自我状态（Adapted Child, AC）

这种状态是指儿童在年幼时为了获得自身成长需要的东西，使自己的生存环境好一些，就会表现出顺从权威人士制定的规则，以期待得到关注和认同，降低焦虑和恐惧的行为。

当我们处在适应型儿童自我状态时，多以听话、顺从的姿态出现。例如，《西游记》里沙僧的口头语是“师傅，大师兄说得对啊”“大师兄，就听师傅的吧”。这种状态积极的一面是执行力强，适合在大的组织中工作；消极的一面是太在乎他人的态度，不能承担过大的责任，缺乏灵活性。

举个例子，周五下班前，领导来问你周末能不能加班。你本来安排好了带孩子去郊区，如果你是一个适应型儿童自我状态比较高的人，你可能会第一反应就回答：好，没问题。领导高兴地走了，你却陷入郁闷：好好的一个周末没了，回去怎么跟爱人、孩子解释。你想满足所有人的要求，却发现很难。

这个世界有成千上万条规矩。在日常生活中，我们经常未经思考就会遵守这些规矩。所以，如果处于适应型儿童自我状态的时候太多，你的内心可能会常常充满纠结、矛盾、自责、焦虑和内疚，有着无法表达的愤怒。

另外，需要提醒的是，适应型儿童自我状态还有一种反向表现是叛逆、敌意或拒绝。比如，你让我往东，我偏往西。之所以说这种反向表现也是适应型的，是因为他拒绝和反叛的对象仍然是权威人士的态度，而不是自己的意愿。

（2）自由型儿童自我状态（Free Child, FC）

这种状态遵从每个人的天性，其表现主要：率真，自然，有想象力、创造力和好奇心，关注并表达自己的感受，勇于提出自己的要求，不畏惧权威。想做什么就做什么，无所顾忌，如《西游记》里的孙悟空。比如，单位组织爬山，你登顶时兴奋地大声呼喊，这时的你就处于自由型儿童自我状态；当你所在的团队攻克了一个技术难关，大家兴奋地抱在一起大声喝彩，也是自由型儿童自我状态的表现。

处于自由型儿童自我状态的积极一面是处事灵活、想象力丰富、创造性强，极富乐观和挑战精神；消极一面是会以自我为中心，有时会过度挑战规则和传统。一个健康、快乐的人，每天应该适当表现出自由型儿童自我状态的积极一面。

通过以上分析可以得知，每个人都有5种自我状态，即控制型父母自我状态（CP）、养育型父母自我状态（NP）、成人自我状态（A）、适应型儿童自我状态（AC）、自由型儿童自我状态（FC），这5种状态也被称为压力中的5个“自己”。

二、应对压力中的“自己”

我们已经了解了5种自我状态。现在来思考一下，这5种自我状态在你的生活中是如何分布的。

回溯过去24小时的生活：哪些时刻，你的行为、想法和感受很像小时候的自己？哪些时刻，你的行为、想法和感受像你父母或者其他你认为权威的人士？哪些时刻，你的举止、想法和感受是单纯针对当时所发生之事的直接反应，与过去无关？

每项至少写下一个例子，并记下你当时的感觉、想法和行为。

你刚才完成了自我状态模式的第一个练习，你已经开始学习用一种新的方法来分析自己的行为了：当你所做、所想、所感受的是模仿父母或其他权威人士，你就在父母自我状态之中；当你的行为、思考、感受方式是针对当时所发生事件的反应，并能利用自己的能力和资源来处理，你就是在成人自我状态之中；如果你的行为、想法、感觉像小时候，你就是在儿童自我状态之中。

我们可以简单地说“在父母里”“在成人里”“在儿童里”。当一个人更多地处在“父母”和“儿童”自我状态里时，有些压力是幻想出来的，是不真实的。如果我们根据幻想的事实作了应对，可能会激发冲突，增加矛盾。

为了清晰地呈现我们的人格结构，可以用以下 PAC 柱状图来评估自我状态。你根据自己平时的行为评估一下自己的 5 种自我状态，高度最高的就是你出现最多的自我状态。

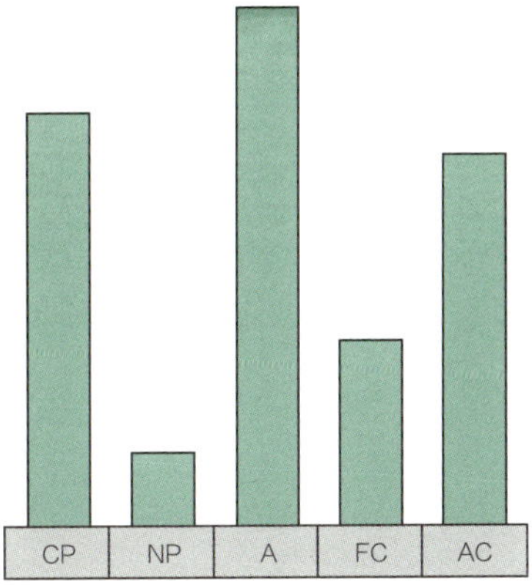

PAC 柱状图

接下来，请做一个测试，看看你的自我状态与你画出的 PAC 柱状图是否有区别，因为有时我们对自己的主观评估并不准确。

小测试
了解你的自我状态

性别：________　　　　年龄：________

请针对以下问题凭直觉回答：

是：2 分　不一定：1 分　否：0 分

以下共 5 组问题，每组有 10 道题，每 10 道题为一个记分单位。算出 5 组的得分后，根据得分画出柱状图。

1. 你会打断别人的谈话，诉说自己的想法吗？（　）
2. 你会对别人严格要求、批判吗？（　）
3. 你会严守约会时间吗？（　）
4. 你会怀抱理想，并努力去实现它吗？（　）
5. 你重视社会规则、伦理道德吗？（　）
6. 你会强烈要求别人尽他的责任吗？（　）
7. 你对小小的差错也很在意吗？（　）
8. 你对他人的教育严格吗？（　）
9. 你认为要求得到权利前，要先尽义务吗？（　）
10. 你会经常说“应该……”“不能……”“你要……”吗？（　）

CP 总分：______

11. 你对别人有强烈的关怀吗？ ( )

12. 你重视义理与人情吗？ ( )

13. 你能常常发现别人的长处与优点吗？ ( )

14. 当别人拜托你时，你很难说“不”吗？ ( )

15. 你喜欢孩子或喜欢照顾别人吗？ ( )

16. 你很容易通融或商量吗？ ( )

17. 你对他人的错误宽容吗？ ( )

18. 你能倾听别人谈话，并容易产生共鸣吗？ ( )

19. 你喜欢做菜、打扫卫生、洗衣服吗？ ( )

20. 你喜欢参加奉献性的社会公益活动吗？ ( )

NP 总分：______

21. 你会评估自己的损益并采取行动吗？ ( )

22. 你很少感性地谈话吗？ ( )

23. 你做决定时是否经过分析或深思熟虑？ ( )

24. 你会询问正反面意见作为参考吗？ ( )

25. 任何事情你都喜欢根据事实作出判断吗？ ( )

26. 你的谈话是理性多、情绪化少吗？ ( )

27. 你能很快地作出决断而无须烦恼吗？ ( )

28. 你在处理事情时，是快速而有效率的吗？ ( )

29. 你对未来的事情是否会冷静地预测后才行动？ ( )

30. 你身体状态不佳时，是否会爱惜自己而不勉强工作？

（ ）

A 总分：______

31. 你认为自己任性吗？ （ ）

32. 你的好奇心很重吗？ （ ）

33. 你重视娱乐并追求满足吗？ （ ）

34. 对想说的事你会没有顾虑地说出来吗？ （ ）

35. 在无法得到自己想要的东西时，你会很难受吗？ （ ）

36. 你经常使用“哇”“耶”“太棒了”等惊叹词句吗？（ ）

37. 你会以直觉判断事物吗？ （ ）

38. 你兴奋的时候会得意忘形吗？ （ ）

39. 你容易生气吗？ （ ）

40. 你容易掉泪吗？ （ ）

FC 总分：______

41. 心里想的事，你会经常无法说出口吗？ （ ）

42. 你希望别人喜欢你吗？ （ ）

43. 你为人客气、处事消极吗？ （ ）

44. 你是否经常不坚持己见、妥协呢？ （ ）

45. 你注意和在乎别人的脸色以及言谈吗？ （ ）

46. 你难受的时候都强忍下来吗？ （ ）

47. 你会照着别人的期待而努力吗？ （ ）

48. 你常常压抑自己的感情吗？ （ ）

49. 你觉得自己不如别人吗？ （ ）

50. 你觉得现在不像“真正的自己”或“应该有的自己”吗？ （ ）

AC 总分：______

可以根据5组问题的分数，画出PAC柱状图，与你自我评估的PAC柱状图相比。

现在，介绍另外一种分析方法：可根据测试结果画出自己的自我状态折线图，如下图所示。这里列出了几种常见的自我状态类型图，并分析了它们在应对压力方面的特点。

1. 传统型

从上图中可以看出，传统型的人在儿童自我状态部分的得分比较低。这类状态的人在工作和生活中会要求自己有较高的责任感和控制感，很在意别人的感受，甚至对别人的感受负责。有时，他们也不允许别人有不好的感受，在沟通中需要退让时，他们会有压抑的感觉。这些都可能成为他们的压力源。

同时，这种类型的人在应对压力时，不太会放松，也很难降低对自己的要求。但受到压力时，他们的表达能力会高于压抑的能力。也就是说，他们会把自己的压力表达出来，让他们的压力影响别人。

2. 我行我素型

我行我素型的人在控制型父母自我状态和儿童自我状态部分得分都很高，说明他们很喜欢按自己的感觉“任性地做事”，与之相匹配的是他们解决问题的能力确实很强，这样的人在团队中很有魅力和感染力。他们的压力可能来源于如果感受不到自己的这种影响力时，他们会有失落感。

在沟通情境中，这类人在主动控制方面最占优势，希望得到控制感。遇到压力时，他们有较强的自我解压能力。

3. 灵活稳定型

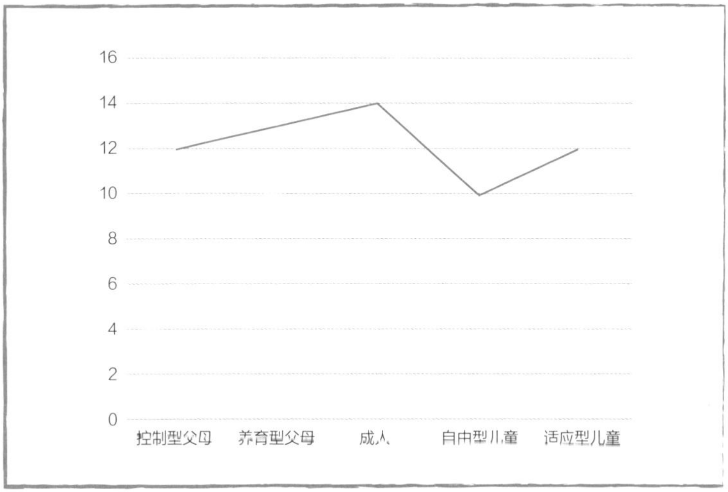

灵活稳定型的人的各种自我状态相对均衡，非常理性，同时适应能力也很强。他们在跟不同类型的人相处时，灵活性很强，应对变化时有很强的弹性。

在沟通情境中，他们最擅长理性沟通，同时对他人的理性也有较高的要求。给他们带来压力的方面是自己如何跟情绪比较起伏的人相处。受到压力时，他们倾向于压抑自己的情绪。

4. 执行型

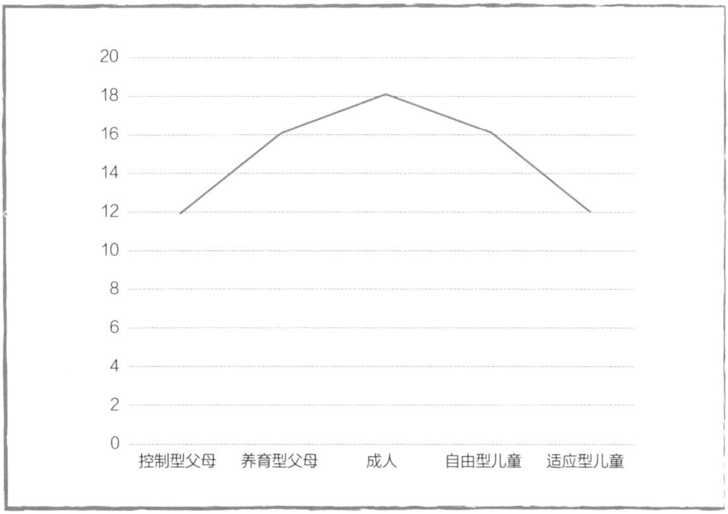

执行型的人的成人自我状态优势最明显。这类人有着非常理性的领导风格，同时有很好的亲和力和幽默感，有助于在组织中赢得高度的信任和良好的人际关系。

在沟通情境中，他们最擅长理性沟通。给他们带来压力的情境是如何应对情绪不稳定的人和制度规则比较混乱的环境。受到压力时，他们比较容易表达自己的情绪。

5. 开朗型

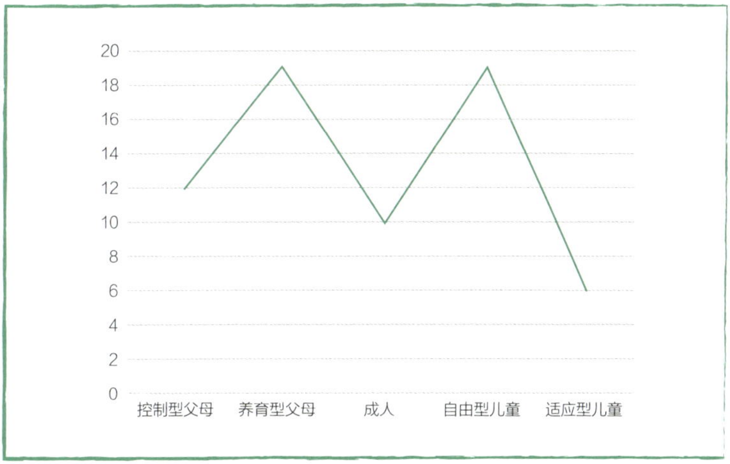

开朗型的人在养育型父母自我状态和自由型儿童自我状态部分优势最明显。他们个性开朗，很容易理解并照顾他人的感受，有超强的幽默感，率性的行为方式让他们在团队中非常有感染力。

但需要注意的是，这种类型的人适应型儿童状态部分的得分过低，在面对变化时的调整和接受能力需要提高，有时可能会太过坚持自己的想法。所以，如果必须服从于别人时，他们会有较大的压力感或较强的情绪反应。面对变化，他们比较容易受到环境的扰动。在沟通时，他们希望别人理解他们的想法，如果达不到目的，会有比较大的挫败感。

6. 最佳副手型

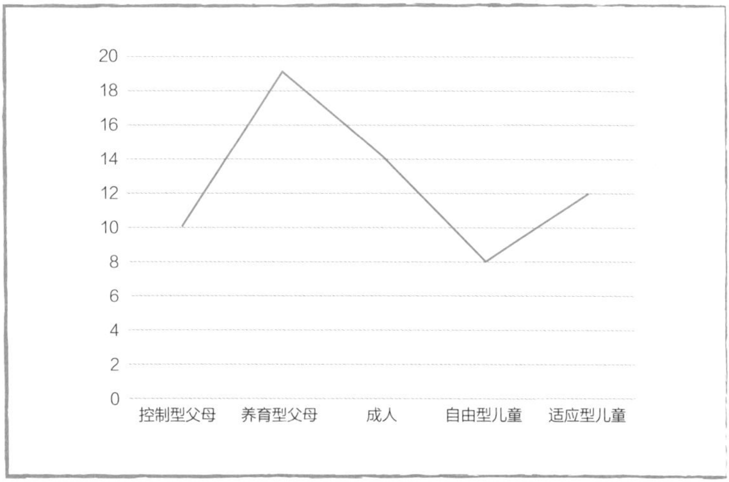

最佳副手型的人在养育型父母自我状态和适应型儿童自我状态部分的优势比较明显，个性温和，同时具有较高的控制感和适应性，在团队中的人际关系会比较和谐，大家也愿意与他们沟通。他们解决问题的方式比较灵活，在面对突发事件时能保持平静，能接受各种不同的结局。

但有时为了系统的和谐，他们会比较隐忍，要适当提高表达自己需求和压力的能力。

7. 温和型

温和型的人在养育型父母自我状态部分的优势比较明显，个性温和。他们在人际交往中往往亲和力强，不强势、不固执，面

对变化时，内心不会有太大的起伏，能冷静应对情境，不受过多的扰动。给他们带来压力的情境是面对过于强势的人。

不过总的来说，每种人格结构都有自己的优势和劣势，没有好坏之分。

咨询室　用不同的自我状态应对压力

文慧今天早晨很紧张，孩子早上起来时情绪就不好，催了几次才起床。她心里很急，但想到今天孩子还有钢琴比赛，她觉得孩子可能会焦虑，所以过去温柔地抱了抱她。这时的她是养育型父母自我状态。

文慧告诉孩子，她和孩子爸爸都会去看比赛。孩子慢慢高兴起来，吃饭的时候很兴奋地说自己要弹哪首曲子。然后，文慧开车带孩子出门。因为是周一，路上很拥堵，她注意着周围汽车的速度，也很小心地看着交通标志。忽然一个人从外线道切过来想超车，两辆车子离得太近，几乎擦撞。她吓了一跳，瞥了一眼后视镜，见与后车还有一段距离，赶紧轻踩刹车。她是一个比较冷静的人，开车的时候，一般能保持在成人自我状态里。

待那辆车子走远，她才松了一口气，同时边摇着头边嘴里嘟囔一句：这种驾驶水平的人就该吊销驾照。这时的她转到父母自我状态中了。她小时候看爸爸开车时，父亲对其他驾驶员不满时，就是这样子撇着嘴摇头说话。

不久后，她到达公司，看看表发现已经快到和经理约好谈话的时间。她的心往下沉，感到一阵恐慌。她在想，如果迟到了会很不好。此时她又转到儿童自我状态里。小时候上学迟到，最怕的就是老师严厉的处罚，这种恐慌的感觉来自儿时经验，而不是根据现在的成人处境。除了这些想法和感觉，还会伴随相应的行为，就像当年那个迟到的小女孩一样，包括心跳加速、张大眼睛、用手捣着嘴，靠近点看，还会发现她在冒汗。

她马上对自己说："等一等，我在怕什么？经理是个讲理的人，再说我差不多能按时到，即使迟到也就几分钟，经理能理解的。”她又回到成人自我状态，整个人放松了，手也放下，脸上恢复了笑容。她想着，我要快速进入工作状态，按时完成工作，下午准时去看女儿比赛。

第二节　了解你的压力表现

现在我们已经知道，压力和个人特质以及成长过程有密切关系。为了生存，更好地感受自己的价值，每个人都有自己的生存模式。我们从父母那里学到两方面的知识：一方面是生存法则，就是我们的父辈按照他们的生存经验总结的一些内容，告诉我们“你应该怎么做”，这是让你能够生存下来或者生存得更好的一些信息，我们称为“驱力”。另一方面，我们还学到“你不能怎么做”的禁止信息，如不要轻易相信别人，不要随便跟别人说心里话，不要这么幼稚等，这部分信息我们称为“禁止信息”。

一、溺水图里的驱力与禁止信息

在我们的一生中，这两方面的信息如何起作用呢？先来看下面的图。

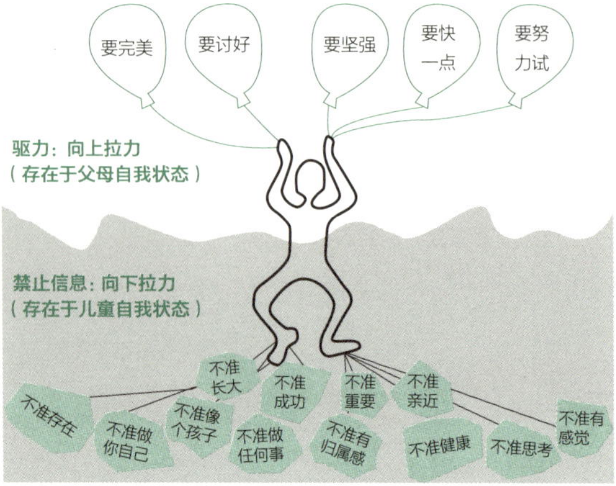

溺水图

我们把这个图称为溺水图。很多人压力大的时候经常会说“我快被淹没了”，其实就是这种“溺水”的感觉。

一方面，你给自己设置了很高的目标，要求自己“坚强、完美、快、讨好每个人、不停地努力”；另一方面，你又给自己设置了很多障碍，要求自己在努力达到这些目标的过程中，不要像小孩子一样放松自己，不要有自己的想法，多难受也不要表达……

你被向上和向下的绳索拉扯着，像一个溺水的人，越挣扎，绳子就越紧，撕扯和分裂的感觉就越强烈。

二、5 种常见的驱力

我们从小就对有些话很熟悉，如“男儿有泪不轻弹”“吃得苦中苦，方为人上人”“不听老人言，吃亏在眼前”，每个孩子都在很多这样的“应该”中长大。大人们不停地告诉你，你应该努力，应该坚强……

孩子会感受到强迫的力量，觉得必须遵守这些指令，相信只要自己遵守，就表示自己是好的。这些指令来自养育者，带有驱策的力量，简称为驱力。有 5 种驱力是比较典型的，分别是要完美、要讨好、要坚强、要快一点、要努力试。

每一种驱力都有特殊的话语、音调、手势、姿势和脸部表情。

1. 要完美

带有这种驱力的人想把很多事情都做到尽善尽美。说话时，他们想讲得非常全面，毫无遗漏。所以，他们会加入很多口头禅来补充，比如：“关于分公司，我说说我的想法。我的意思是，嗯，这个，主要是因为……”“下面我说两句，这个项目的问题，我是说……”

有“要完美”驱力的人，说话常常包括这一类话语，他们想把自己说的话修饰得更好，可是并没有因此增加任何数据。

典型的话语：就像以前那样、可能、也许、当然了、完完全全、你可以这么说、就像我们以前看过的。

有“要完美”驱力的人说话还有一个特点，喜欢分几点描述。例如，“今天的主题是：一、讨论驱力；二、探讨驱力和脚本的关系”。

音调：控制得很好，不高也不低。

手势：说话分成几点内容时，以手指头加以配合。手也可能贴着下颚，摆出像“思考的人”的姿势，指尖与指尖可能形成倒V字形相接，好像教堂的尖塔。

姿势：很优雅地呈现自己。大家可以想象跳芭蕾舞的人，脸高高地抬起，优雅地做出很漂亮的姿势：看，我多美，我多棒！即使他之前为了这微不足道的完美付出了极为辛苦的代价。

脸部表情：眼睛向上方外侧看（有时会向下看），尤其是在说话停顿的时候，好像想看清楚写在天花板或地板上的“完美答案”。同时，嘴巴会稍微绷紧，嘴角略向外侧拉。

举几个典型的有“要完美”驱力的人的例子。比如，某人晚上8点钟要提交幻灯片（PPT）。晚上8点时，他已经做完了，但迟迟不提交，就是为了找到一张他认为完美的图片。他可能再花上2个小时去找，虽然这么费劲，也并没有让最后的结果或事实更好。又如，需要开会或演讲的人，明明知道需要站几个小时，但为了呈现自己最美的样子，还是会穿上很细的高跟鞋，并表现出很舒适的样子。

2. 要讨好

有“要讨好”驱力的人非常在意别人对自己的态度，并按自己想象的方式去讨好别人。觉得自己应该讨好所有人，但不同的人要求不同，所以给他造成了非常大的压力。

典型的话语：每说一句话就看向别人的眼睛，并加上语气词“嗯？”或者是“你们觉得呢”。常常会使用询问的话语，如可以吗、你还好吗、你说呢？

音调：声音高，音调尖锐，句尾语气会提高。

手势：两手伸开，掌面朝上，点头。

姿势：肩膀耸起向前，倾向他人。

脸部表情：看人的时候，脸会稍微朝下，嘴型好像要微笑似的，但又不是发自内心的微笑，经常是被训练出来的职业性的微笑，这种微笑的表情显得比较紧张。

3. 要坚强

有“要坚强”驱力的人的话语中常带有这样的意思：我的感觉和行为不是我自己能控制的，而是某某人或环境所造成的，为了应对外界刺激，不得不这样做。这种人显示出和外界是一种对抗的关系，所以自己就要显得有力量，显得强硬，表现出坚强的样子。

典型的话语：“生活就是这么难，我们能怎么办呢，只能坚强。”“这个人快把我逼疯啦。”“他的态度激怒了我……”“这么激烈的竞争你说怎么放松？”

当他谈到自己的时候，却常常用疏远的字眼，如有个人、你、大家、他、那个等，如“做北漂，你必须坚强”（意思是“我得坚强”），“你知道，你必须自己承担这一切”（其实是“我必须”），“像这种状况你怎么可能放松”（其实是“我不能放松”）。

音调：平缓、单调，音量通常很小。

手势：这种驱力的特征是缺乏手势。

姿势：通常是“封闭”的姿势，如双臂在胸前交叉，跷脚或是把一只脚的踝部叠在另一只脚的膝盖上成 4 字形，整个身体僵硬，不太移动。

脸部表情：缺乏表情，僵硬。

4. 要快一点

带有这种驱力的人不关注事情的结果，只关注速度，只要能快点说、快点做就行。

话语：快一点、马上、赶快、快走吧、没时间了。

音调：字和字间断开来，好像机关枪的声音，有时急着把话说完，以致字和字好像纠缠起来似的。

手势：用手指敲桌子或用脚敲地面，抖脚，在椅子上坐立不安地扭来扭去，不断地看表。

姿势：没有特定的姿势，整体给人的感觉就是激动、烦躁。

脸部表情：老是东张西望。

5. 要努力试

这种驱力的关键词是“试”，努力地、不停地尝试。

话语：这种人会常用“试”这个字，如“我要试着告诉你……”“对于我们都同意的事，我会试着去做”。

在这种驱力下，所谓“试”的意思是“我不会积极去做，而是试试看就好了”。其他典型的用字还有“很难”“没办法”“怎么又这样呢”“我不太了解你的意思”“这样做很费力”，以及表示疑问的“啊”声。

音调：有时会把喉咙的肌肉绷紧，让声音像是捂着嘴或是勒住喉咙所发出的。

手势：常把一只手放在眼旁或是耳后，好像努力想看清楚或听清楚什么东西，双拳可能紧握。

姿势：类似讨好别人的姿势，身体前倾，双手可能放在膝盖上，整体说来，是耸肩拱背的姿态。

脸部表情：最常见的是皱缩双眉，使鼻子上方出现两条垂直的纹路，双眼眯起来，有时整个脸部都会皱成一团，好像看到了问题的难度。

每个人都不同程度地有这 5 种驱力。一方面，驱力让我们取得较好的成就，成为现在的自己。另一方面，如果驱力过于强烈，就会超出自己身心的承受范围。

试想一下，一个人身上有“要坚强，要完美，要快”的驱力会怎么样呢？

首先，遇到事情时，会持一种对抗的态度，要自己扛，而且很多时候，选择最辛苦、最难的一种方式解决，他很少会想有没有简单省力的方法。

其次，他会力争把事情做得完美，细节精确。

最后，无论这个过程多么艰辛，他都不会示弱，不会向别人表达自己的感受。

这种人的压力水平会比较高，而对压力的觉察能力又会比较差。

肖红，30岁。在谈恋爱的过程中出现了抑郁的情绪，原因是她发现正在交往的男朋友有一个前女友，而他还保留着前女友的很多东西，所以肖红心里不舒服，但她不能够表达自己的情绪。持续的情绪压抑已经让她进入中度抑郁的状态，开始服用抗抑郁药，同时在接受心理咨询。

我们想一下，关于这样的情境，有很多解决办法。比如，可以明确向对方表达自己的不舒服，可以要求他收走这些东西，不要再让其出现在自己面前。沟通之后如果不行，可以分手。如果自己情绪状态很不好，可以让父母朋友来照顾自己。

当我们跟她一步步梳理这个过程，就可以发现“要讨好”和“要坚强”的驱力如何在影响她。她说：“如果我要求他按照我说的做，那不是强迫别人吗？那样我就显得不温柔了。”“如果总是让别人来照顾我，那不是太麻烦别人了吗？我应该自己承担。”

后来我们发现，在她的信息里有很多这样的要求，其中最重要的要求就是让自己坚强。即使她自己有了抑郁的症状之后，问她要不要父母过来陪住，她仍然怕给别人添麻烦，然后自己去承担这一切。所以，她把自己一步步逼向抑郁，也不向别人提出要求。这就是她不能松动的地方，就像溺水图一样，把自己牢牢限定在那个瓶颈里，无法挣脱。

近几年，出现抑郁情绪的一种典型情况是 IT 业、会计行业、互联网创业公司的一些年轻人会过度透支自己。在这种情况下 2~3 年之后，他们的身体会进入一个自然的疲惫状态。虽然这种疲惫状态是身体对他们的保护，提示他们需要休息了，但是很多人反而会进入抑郁状态，因为他们不接受自己休息的状态或弱的状态，认为自己在这样的情况下就没有价值了，他们的抑郁情绪和无望感就会出来。所以，他们是被驱力卡住。要摆脱驱力带来的瓶颈，就要学会允许，即在这 5 个驱力的要求之下，给自己一点弹性空间：

~ 要完美：做自己本人也是可以的；

~ 要讨好：先考虑自己也是对的；

~ 要坚强：敞开心扉，表达情绪，照顾自己的感受也是被允许的；

~ 要快一点：慢慢来，你有足够的时间；

~ 要努力试：把事情完成是好的。

你可以试着了解自己的驱力排序，把你认为排在第一位的驱力写下来。我们在人群中做过初步的调查，发现排在第一位的驱力主要是要坚强、要完美、要讨好，要快一点和要努力试则较少被排在第一位。

客观地核对你的答案，也可以请周围的朋友给你反馈：在他们眼中，你有哪些驱力？试着练习在工作、购物、旅行或与朋友闲聊时，感受驱力的出现。

三、12 种禁止信息

1. 不准存在

如果你曾经考虑过自杀，你的人生脚本里很可能有“不准存在”的禁止信息。同样，如果你曾经觉得自己没有价值、没有用或是不值得爱的话，你也很可能接受过“不准存在”这个信息。

说不定你能想起父母亲曾对你说：“我当时原本不打算要你”或是“我本来已经去流产了，又被你姥爷叫回来了”这类的话。这些口语的信息有助于确认这个禁止信息的存在，但是真正造成影响的，还是非口语的行为所传递出的信息。

为什么父母会把“不准存在”这种信息传递给孩子呢？通常是因为父母的压力和创伤过大，也像一个受伤的孩子，觉得孩子的出生让自己压力更大了。

另一种情形是，原本不想生孩子的妈妈因为家族的压力或是意外怀孕，生了一个孩子，她可能内心并没有真正接受这个孩子。尽管她也会照顾孩子，却会以很隐微的方式向孩子传达出拒绝他的意思。即便她尽可能满足孩子物质上的需求，却可能从来就不对孩子微笑，或很少和孩子说话。

同样，有些母亲“难产或难产而死”也可能产生这种影响，孩子因此认为：生产的时候，我害妈妈受伤，可能还差一点害死她，我是个很危险的人，只要我在场，就可能害别人受伤或死掉，所以我活该受伤或死掉。

父母还可能说过这类话：“如果不是因为你，我现在都当上市长了。”这些话也会传递出“不准存在”的信息。

如果父母对孩子有身体上或是精神上的虐待，那么“不准存在”的信息就很明显地传递出来了。

如果你总是很抑郁，想自杀，就需要接受专业的心理咨询或去精神科接受治疗。

2. 不准做你自己

这种禁止信息可以来自想要男孩、结果却生了女孩的父母，反之亦然。非口语的信息是“不准做你自己的性别或不准成为你本来的样子”，这可以从为孩子取的名字看出来。比如，我们过去有很多女孩的名字叫亚男、胜男、若男，还有父母给女儿穿男性化的衣服，或是为儿子穿有花边的衣服，还加个蝴蝶结装饰。

长大成人以后，带着这种禁止信息的人可能会继续在穿着、仪态上像相反的性别。“不准做你自己”的意思也可能是“要像别人家的孩子”，中国的孩子大部分是听着父母口中“别人家的孩子”的故事长大的。比如，“你看，你们上的一个大学，人家现在都出国了”。这时，父母会抱着自己期待的理想孩子的形象不放，只在孩子符合理想形象的时候，才给孩子正面的回馈，否则就予以漠视。

3. 不准像个孩子

中国家庭里的老大很多是“小大人”，这种孩子从小就不敢撒娇、不敢提要求、不敢哭、不能耍赖，总之不允许出现孩子该有的很多行为。这样的孩子长大后，如果是女孩，便不会向异性撒娇，在职场不会向领导提要求；如果是男孩，在生活中就不会放松自己。

中国有句话叫“长兄如父，长姐如母”，家里的老大容易给自己“不准像个孩子”的禁止信息，当看到父母争吵时，觉得自己应该照顾家里所有人，帮父母承担家务，保护弟弟妹妹。

如果你不会陪小孩子玩，很可能曾经有过这种禁止信息。同样，如果你在宴会或是类似的欢乐场合，觉得很不自在的话，也可能有过这种禁止信息。“不准觉得好玩”和“不准享乐”是类似“不准像个孩子”的禁止信息。

在有些家庭里，如果孩子太喜欢玩的话，会被贴上懒惰或是罪恶的标签。因此，他会认为，如果觉得很快乐的时候，就会发生不幸的事，所以要避免不幸，就不能有很快乐的感觉。

4. 不准长大

通常最小的孩子会得到这种禁止信息。父母在儿童自我状态里可能希望最小的孩子不要离开家，他们把自己的全部价值都放在自己是不是个好爸爸、好妈妈上面。如果孩子长大离家的话，他们就会觉得自己不再有价值了。另外一种情境是父母自己还像孩子一样不成熟，所以希望“我的小玩伴能留下来陪我”。

有时可以把“不准长大”解读成“不准离开我”。近些年流行说“宅男宅女”“啃老族”等，孩子不出去工作、不谈恋爱、不挣钱，很多人单方面地以为是孩子不争气，其实这个情况往往由整个家庭造成。父母在孩子成长的过程中，一直灌输“你这个干不了，那个也不行”“离开我，你可怎么活”的信息，替孩子作各种决定，看不到孩子的能力，也不允许孩子发展自己的能力。孩子到了 20 多岁，想改变这种状况发现太难了，所以就自暴自弃。

5. 不准成功

这个禁止信息来源于父母在儿童自我状态里忌妒子女的成就。“我过的桥，比你走的路还多”是我们经常听到的一句话。比如，一个出身贫苦的父亲，从 15 岁就必须工作赚钱，从来没有机会去念大学，现在由于他努力工作而有宽裕的经济条件，付得起学费让孩子念好学校，孩子将来也有机会念大学。

看到孩子的学业优异，父亲感到为人父的喜悦，可是却不自觉地在儿童自我状态里忌妒子女拥有自己所没有的机会。如果孩子将来功成名就了会怎么样呢？是不是证明他比我好呢？所以，虽然在表面上父母一直督促子女努力做好，却会在行为上向子女传递出“不准成功”的信息。

遵守这种禁止信息的学生，平常会很认真读书，课堂表现也很优秀，可是一到考试就发挥失常了，可能会觉得恐慌而无法考试，或是忘了把最重要的数据带来，甚至可能出现身体方面的疾病（如突然间什么都看不到了）。或者有人在一个单位干得不错，但往往关键时候会出现大的失误，功亏一篑，就像在推一块大石头上山，每次都在快到达山顶的时候失手，又让石头跌落。遇到这种情况就可以审视一下，自己是不是还活在别人给的“不准成功”的禁止信息里。

6. 不准做任何事

这个禁止信息意味着“不准做任何事，不管你做什么事都会有危险，所以你什么都不做是最安全的”。如果有人在长大以后不管做什么都会很犹豫，觉得自己什么事都干不成，很可能就是接受了这种禁止信息。

这种禁止信息来源于父母担心孩子如果自由自在不受他们约束的话，可能会受到伤害，这种担心的缘由不是出于现实状况，而是出于父母自己的幻想。有这种担心的父母可能会说类似这样的话:“你能不能老实会儿，待在那别动”“你说说你能干什么”。

有这种禁止信息的人，一方面享受待在舒适区的状态，另一方面又不停地体会挫败感，但要开始行动时又会有很多担忧和恐惧。他们总是否认自己应对压力的能力，会为一点小事而焦虑。

7. 不准重要

有这种信息的人被要求接受某种领导角色时，会非常紧张。当需要面对公众演讲时，他的大脑会一片空白。在事业上，他如果当下属的话，可以表现得很优秀，却会放弃升迁的机会，或是自己把事情弄糟。类似的禁止信息是“不准要求你想要的东西”。

有这个禁止信息的人在成为重要的核心人物时，在获得成功被给予奖励时，会感受到压力，不敢提出自己的要求，因为他从小感受到的就是“你的需求不重要，你不重要”。当他被人忽视时，会陷入纠结。一方面，他知道自己被忽视了；另一方面，他觉得自己提出来也没有用。同样，他会在沟通中有较大的问题，因为他不知道如何清晰地把自己的意愿表达清楚，同时也会忽视别人的需求。

8. 不准有归属感

过去有很多父母把孩子放在老家，跟着爷爷、奶奶或者姥姥、姥爷生活。当孩子在别人家的时候，他知道那不是自己的家。等他长到七八岁回自己家的时候，他觉得那儿也不是自己家，所以很难对家人产生真正的信任或依赖。现在的很多留守儿童在这方面的问题令人担忧。

对有这种信息的人来说，在群体中生活本身就是一种压力情境，他总会觉得自己和大家不一样，总会感受到大家对他的排斥。

9. 不准亲近

这个禁止信息的意思通常是指禁止身体的亲近。在这种模式下，父母通常很少抚摸彼此，也很少抚摸孩子。另外，也可能是指“不要有情绪上的亲近”，常见于家庭里的人彼此都不谈论自己的感受，这种情形还会一代一代传下去。

如果父母老是和孩子保持距离，孩子可能就会给自己“不准亲近”的信息。比如，在童年的时候，父母一下班回到家，孩子会扑上去，但如果父母的反应是“去，别烦我，累死了”，孩子就会体会到被拒绝的感觉。这样的情境多了，孩子就不会和他人有身体上的亲近感了。

有的人会说：我爸（妈）从来没抱过我。有这种禁止信息的人面对压力时身体是紧张的，也很难与家人有肢体上的亲密接触。

10. 不准健康

寄宿学校的孩子如果想见到父母，最好的办法就是生病。男人如果想得到女人的关注，生病也是一种有效方法。

想象这样的情形：父母都很忙，整天在外工作，他们很爱女儿，可是回家以后已经没有多余的力气好好陪女儿了。

有一天女儿生病了，妈妈请假在家照顾她，爸爸也表现出平常没有的关怀，睡前还念故事给她听。

聪明的孩子暗暗得出结论："要想得到注意，我就得生病。"父母既不是故意的，也不明白怎么回事，就给了孩子"不准健康"的禁止信息。如果她长大以后还遵从这个信息，就会在遇到压力时生病。

11. 不准思考

这个信息的来源可能是父母持续地轻视孩子的思考。比如，孩子兴奋地拿着自己的画给爸爸看时，爸爸却哼着鼻子轻蔑地说："哼，这是什么呀，四不像！"有时，这种信息是从父母那儿学来的。比如，歇斯底里的母亲会向女儿示范："女人可以用不讲理、闹情绪的方式，从男人那儿得到自己想要的东西。"

成年人如果仍然遵从这个信息，在遇到问题的时候，常常会表现得手足无措，或老是因为遇到问题而觉得很不舒服，却不好好思考该如何解决问题。

有这种禁止信息的人面对压力时有更多的无助感，坚信自己想不到好的办法来解决困境。

12. 不准有感觉

如果父母从来不表达自己的情绪，孩子就会得到"不准有感觉”的信息。生活中，我们问一些人的感觉时，总能得到这样的回答：我没有感觉。有时候，一个家庭可能会限制表达所有的感觉，但大部分情形下，只会限制某些特定感觉的表达，如“不准生气”“不准害怕”等，而允许其他感觉的表达。

有时候这个信息会被解读为“可以有某种感觉，但是不能表现出来”。比如，小男孩常常反复被提醒“男孩不准哭”，或是“要坚强一点”，这些话隐含的意思就是“不准伤心”“不准害怕”。

有些父母会传递这样的信息：“不准相信你的感觉，要相信我的感觉。”比如，有篇微信文章是“有一种冷，是你妈觉得你冷”。如果孩子的感觉不被重视，他长大后也会漠视自己的身体疾病或是情绪。

适当降低自己的驱力，能降低我们对自己的要求，不再把“完美、坚强、努力、讨好、快”当成自己生存的必要条件。解除禁止信息，能让我们面对压力时寻求更多的支持，争取他人和系统中的资源。审视自己的溺水图，看看可以松动哪个驱力或是禁止信息，进而放松自己。

第三章

面对压力，你需要安抚

第一节　关系中的饥渴与安抚

当你有压力的时候，你希望身边的人做些什么？

凤媛面试一份工作失败，心情很不好，打电话给好友。好友在电话里说："嗯，那是挺郁闷的，你现在在哪儿？明天休息吗？明天我有一整天的时间可以陪你，我们可以去泡温泉，也可以去爬山，我去接你。你喜欢哪个？"

听完她的话，凤媛感到温暖而平静，像小时候被母亲的手轻轻抚摸。好友是一个很善于给他人正面安抚的人。一段时间不见，她会打电话问："你最近怎么样啊？"看朋友圈知道凤媛出差，也会问："你适应那里的气候吗？"

在好友这里，凤媛很有存在感，她知道自己很重要，并且知道好友理解自己，而且喜欢听自己说话。这些对凤媛来说，都能有效地缓解压力，让其重新充满能量地去应对压力。

一、人为什么需要安抚

每个人都有压力，但如果我们能从关系中得到安抚，我们的压力反应会减轻，我们的抗压能力会更强，我们从压力中回弹的速度也会更快。

到底什么是安抚呢？

每个人都需要他人的触抚和了解，这种来自身体和心理的需求，我们称为饥渴，而安抚就是为了满足这种饥渴而做出的关注他人存在的行为。

出门碰见邻居，你俩互相问好，是在交换安抚；见到老朋友，亲热地握手是一种安抚；到了单位，领导表扬你昨天的工作，是一种安抚；回到家，妻子指责你又忘了买菜，也是一种安抚。只不过，前面都是正面安抚，让我们感受到愉悦和满足，最后一个是负面安抚，让我们产生挫败感。

在出生的时候，每一个人都经过了长长的一段艰难历程才得见天日，是最初的正面安抚（主要是指身体的正面安抚）让我们对这个世界产生了信任感和安全感。心理学家马斯洛称安抚为最适宜的刺激，并把它与食物和水一起列在了人类需要之首。

婴儿刚出生的时候，得到了妈妈的很多触抚。心理学家温尼科特说："从来没有婴儿这回事，也就是说，当你看到婴儿的时候，一定同时看到照顾他的母亲。"一个人婴儿时期有没有得到妈妈或如妈妈一样的养育者足够的身体安抚，是他拥有健康心理的首要条件。在婴儿还没有形成语言之前，他的安全感以及对世界基本的信任，都取决于身体所需要的触抚是否被满足。

婴儿必须接受外人的触抚方能自然成长，这种需求通常可在父母替他换尿布、喂东西、扑粉、抚摸和拥吻时得到满足。触抚能刺激婴儿体内的某种化学物质分泌，促进其生理和智力的发展。婴儿若被忽视、冷落或肢体不曾接受足够的触抚，则将遭受精神上及肢体上的损伤，甚至导致死亡。

有一个真实的案例。苏珊的爸爸把她留在一所大规模的儿童医院时，她只有22个月大，那时她只有15磅重（相当于5个月大的婴儿的平均重量）。她不会爬，不会说话，如果有人靠近她，她会哭着往后缩。

当社会工作人员去她家里调查时，她的妈妈抱怨说："我不想掩饰，我就是不喜欢她。"她说苏珊不喜欢被人抱着，她说她已经不愿意抚爱苏珊了。对于苏珊精神上和生理上极度的迟滞，检不出任何生理原因，最后的诊断结果是"被剥夺母爱之并发症状"。医院请来一位自愿代替苏珊母亲的妇女，一天6个小时，每周5天，抱着她、摇她、喂她、跟她玩，让她充分接受抚爱。

2个月后，虽然苏珊仍然表现迟滞，但高度发展了情感反应。她重了6磅，运动能力增强，能爬、能走。温柔关切的照顾显著影响了苏珊。

如今，这个方面的研究已没有争议，我们都知道从小给予孩子身体安抚的重要性。但人长大以后，就不再需要身体上的安抚了吗？肯定不是，只是我们羞于要求，由于文化的影响，我们并不善于在成年人之间表达这种身体上的安抚，于是转而于寻求按摩、足疗甚至色情服务，但其实我们需要的是亲人之间的拥抱和触抚。

随着孩子的长大，对触抚的需求变为对认可的需求，一个微笑、一个点头、一个皱眉、一句话等取代了身体上的触抚。而这些行为，无论是正面还是负面，都刺激着孩子的大脑，也能防止一个人的神经系统萎缩。

二、安抚的类型

1. 正面安抚和负面安抚

正面安抚通常属于互补沟通，它是直接的、对方恰好需要的。正面安抚使对方感到舒适、有生命力、灵敏和重要感。它更可使人有幸福感、愉悦感，认可自己。和这些匹配的感觉是善意的亲切感，以及“我很好，你也很好”的心理地位。如果安抚与事实真实地、坦诚地配合，而且恰到好处，将能提升一个人的自信心，发展他的“胜利者特质”。

父母若是自然地对孩子说“嗨！我爱你”，他便正面安抚了孩子；管理人若直接坦率地回答下属的问题，他也正面安抚了下属；一位营业员若问候顾客“早安”，他也正面安抚了顾客。

正面安抚有时是一种表达感情或欣赏的行为：“我喜欢你！”“我很高兴认识你。”“你把这个报告写完，真是帮了我一个大忙。”

正面安抚有时是称赞：“能有你相伴真是荣幸！”“你的插花真漂亮！”“你的游泳技术真好！”“你们是个很棒的团队！”“你

的逻辑真清楚。”

正面安抚也可以让一个人知道自己的能力，帮助他进一步了解自己独有的才能和潜力。例如，一个父亲要孩子修整草坪，然后说：“你做得真好，我很欣赏！”他正面安抚了孩子，而且也让孩子知道了自己特殊的能力，这使他固守一个胜利者的心理地位。

负面安抚一般是交错沟通，它通常不是对方所期待的。它会令人产生挫败感，怀疑自己的能力、重要性和价值，容易让人进入“我不好”的心理地位。获得太多的负面安抚，人会越来越自卑，会形成一种“输家特质”。

咨询中，来访者经常被问到一个问题：当你的父母对你满意时，会怎么表达；当他们对你不满意时，又会怎么表达？大部分来访者都回应说，满意时一般不说，不满意时就是生气、不说话或者打骂。由此可以看出，过去的很多父母不善于给予孩子正面安抚。

2. 语言安抚和非语言安抚

语言的安抚可以从简单的“哈啰”到一长串对话。非语言的安抚则如招手、点头、握手或是彼此拥抱。受中国传统文化的影响，中国人并不擅长给予非语言的安抚。

3. 有条件安抚与无条件安抚

所谓有条件的安抚是根据你做了什么而给予的，无条件的安抚则是根据你是谁而给予的，如正面无条件的安抚“你真好”。

正面有条件的安抚:“你每次都给我送花，太贴心了!”负面有条件的安抚:“我不喜欢你这么大声说话。”负面无条件的安抚:“我恨你。”

我们大部分人得到的是有条件的安抚:我要是评上职称，我就是好的;我让妻子满意，我就是好的;我让孩子进了重点小学，我就是好的;我有能力给父母买大房子住，我就是好的……所以，大多数孩子都是在有条件的安抚下长大的。这就能解释为什么孩子在拍满月照的时候，都有一种“君临天下”、气定神闲的气势，因为孩子刚刚出生时，天生是有力量的、安全的，得到的无条件安抚很多。在长大的过程中，孩子被父母的要求、老师的指责和社会的评价所限制，状态就会有所变化，因为外界用了很多的条件来打击孩子的“我好”。

三、常用的正面安抚

1. 目光的接触

温尼科特说:“婴儿仰望他的母亲，在母亲眼里看见他自己。”孩子在母亲的眼里确认自己的存在，最后形成人格。你看着我，我看着你，目光的接触能确认我们是否彼此认同和喜欢。当我们和别人交谈时，如果他不看你，我们很难相信他重视你、喜欢你。每天花点时间看看你身边重要的人吧，否则你既无法接受别人对你的目光安抚，也无法用目光安抚别人。

2. 倾听

心理学家卡尔·罗杰斯曾说：如果有人倾听你，不对你评头论足，不替你担惊受怕，也不想改变你，这多美好啊。正面安抚的方式之一就是听别人在讲些什么。

最有效的倾听是把全部注意力集中在谈话者身上，这种技巧是可以训练和学习的。很多缺乏觉察力的人便不会发展这种技巧。因此，孩子抱怨“父母从不听我说话”；父母抱怨“孩子们从不听我们说话”；丈夫或妻子抱怨“他（她）从没真正听我说过话”；上司抱怨“任何一件事，我都得告诉他上百次”；下属抱怨“上面的人从不听我们说话”。

在倾听的时候，要耐心地让别人把话说完，多占你一些时间也没关系。如果你真的没有足够的时间听对方说完，可以在一开始就直接表达出来：我今天10点还有会，所以我只有40分钟。如果不够，我们还可以另约时间。

3. 记住和称呼对方的名字

被别人清楚地叫出名字是一种很好的感觉，而被记错了名字或者被人乱叫一些称呼，是令人不愉快的。从出生到死亡，很多时候，我们的名字就代表了我们自己。有意识地记住并清晰地称呼对方的名字是对人的尊重，当然有的时候不适合直呼其名，可以加上头衔或者其他称呼，但要适合情境。

4. 经常和他人保持联系

越来越快的节奏让我们没时间写信，没时间见朋友，“忙”成了我们的口头语。现在大家也知道，愿意花时间和你相处而不是只给你花钱的人，才是真正在意你的人。

5. 提出问题

和别人谈话时，适当地提出问题，让对方感受到我们愿意去了解他们。这样的关系才能有所进展，双方都会获益。

6. 放松

保持自己的自由型儿童自我状态，保持幽默。

四、缺乏安抚的人有哪些特点

一个缺乏安抚的人是可以看出来的，他一般具有以下特点。

一是有不安全感，会觉得大家不认同他。有些嫉贤妒能的领导往往担心下属能力比自己强，焦虑于自己没有足够的资格坐在现在的位置上，害怕下属会超越他，取代他的位置。这实际上反映了他对自己能力和价值的不认同。

二是会过分地严厉和控制。一个缺乏安抚的领导如果发现下属的一点点错误，就会反应比较大，发很大的脾气。

三是会比较固执，不愿意接受别人的建议，因为他只相信自己。

四是会比较记仇，有的时候开的哪怕是善意的玩笑，他都会很长时间对这件事情放不下。

五是一般情况下不愿意主动给别人提供帮助。他奉行一种叫“各人自扫门前雪”的处事态度。有人说“遇到了不愿意主动帮助后辈的前辈”，那有可能是因为前辈自己从小在成长的过程中就很少得到安抚，他不善于求助。他从小就觉得每个人的成长要靠自己，所以他不帮助你也很正常。

第二节　安抚的经济观及层次

一、安抚的经济观

关于安抚，孩子从小就被父母教导 5 个限制的原则：

~ 有人需要安抚的时候不要给他。

~ 自己需要安抚的时候不可以向别人要。

~ 不要接受别人给你的安抚。

~ 不能拒绝不想要的安抚。

~ 不可以自我安抚。

这 5 个原则叫作安抚的经济观。之所以叫经济观，是因为父母为了能控制孩子，把原来可以无限提供的安抚转化成供应不足的情形，使孩子要付出很高的代价才能得到，这样父母就能成为安抚的独裁者。由于小孩知道安抚是生存所必需的，就学会了要照着父母的要求来做。这就是有条件的安抚的来源。

长大成人后，我们仍不自觉地遵守这 5 个原则，结果把生活都耗在缺乏安抚的状态之中，也把自己的精力都放在寻求安抚上。

为了唤起一个人的觉察、自发和亲密，我们应该知道，我们彼此之间安抚的供应是无限量的。我们可以在想给安抚的时候就给，不论给多少都不会耗尽。当我们想要安抚时，可以自由地要求。别人提供安抚时，想接受就接受，不想接受就可以清楚地拒绝，还可以自得其乐地给予自己安抚。

中国的很多孩子从小就被教导第 5 个限制原则——不可以给自己安抚。父母说："不要卖弄，吹牛是很不好的。"学校也这样教导，当我们考试考得很好或竞赛得奖时，别人可以称赞我们，但自己顶多只能耸耸肩、客气地说："喔，这没什么啦。"长大以后，我们仍然继续这种适应型儿童自我状态的表现，大多数人都会看轻自己的成就，这样做就限制了一个很重要的安抚来源——自我安抚。

二、安抚的 4 个层次

第 1 个层次是存在，即肯定对方的存在感。比如，刚入职时，大家会认识一些老员工。那么，记住这些老员工的名字和一些基本信息就是对对方存在感的一种安抚。

第 2 个层次是了解，即随着沟通的深入、相处时间的加长，不断地去了解对方的特点，如说话的方式、做事情的节奏、喜欢在什么时间、什么环境中谈话等。例如，我们要和一个同事或者领导沟通很重要的事，就要想对方喜欢在什么情境下谈，有的人喜欢在咖啡馆，有的人喜欢在办公室，有的人随时沟通都可以。我们都愿意和了解自己的人沟通，因为这样的沟通成本低。所以，了解就给沟通的不断深入创造前提。

第 3 个层次是认同，是指我们要对对方的角色、长处和重要性予以认同。对对方角色的认同相当重要，很多职场新人到了单位之后，会对直接领导有这样那样的看法，或者有时候会觉得他的能力不怎么样。但是，领导之所以能成为领导，都是有原因的，那个原因不一定是你所关注的能力。也许是因为他在创业时表现出的忠诚让老板认可他，有可能是他性格好。总之，有各种各样的原因让他坐在了现在的位置上。你不需要质疑，只需要认同。所以，我们首先要认同对方的角色，这个非常重要。

第 4 个层次是欣赏。如果我们了解了这个人，对他越来越认同，我们就会彼此欣赏。朋友之间和职场上也会有这样的一种关系，我们会欣赏彼此做事情的能力、方式、开拓的思维甚至一些人生信念。当你发现你跟一个职场上的人到达了相互欣赏的程度时，你们合作起来就会非常顺利。所以有人问，职场上有真正的友谊吗？答案是“一定有的”。

第四章

压力与沟通

第一节　人际沟通中的“12345”

你新认识了某个人，你说“你好”，对方也说“你好”。接下来你会说什么，你又会做什么？你会匆匆离去吗？你会主动交流吗？还是只是等着，或者做些别的事情？下面，我们将讲述沟通与压力的关系。

一、沟通中的 1 种安抚

在初步打过招呼之后，我们开始建立关系，加深关系，或者说，我们想在关系中留住别人。

当我们在沟通中持续地传递对方认可的信号，对方就会接收到很多正面的安抚。人们都愿意和喜欢自己的人交往，所以，他们就会回馈给你正面的安抚，这时你们的关系就会深入。

因此，打完招呼之后，就要开始传递认可。但是不要只关注对方对你的认可，首先要表达你对对方的认可。实际上，每个人都会先关注自己，对于认可自己和关注自己的人，才愿意去建立关系，愿意在他身上花费时间。所以，可以尝试首先说出对别人的认可。

婴儿刚出生的时候，我们经常说一句话：婴儿是在母亲的眼睛里看到自己。如果一位母亲温柔地看着自己的孩子，对他微笑，孩子的人性就会在这个过程中真正产生。人的自信心和安全感都是在这样的安抚中不断发展起来的。在这种正面安抚下成长的人，因为得到过亲密关系里高质量的安抚，才会在心理上独立、强大、自信，成人自我状态会比较多，同时他也有能力给予别人足够的正面安抚。

人性的基础决定了沟通中的我们是渴望正面安抚的，这也是沟通中最温暖的部分。无论我们是否喜欢沟通，我们都不得不承认，离开沟通，我们无法生存。在人的成长过程中，安抚像空气和水一样重要。人的社会性决定了你必须将自己放到稳定或不稳定的关系之中，很多时候，你是谁其实就是指你是关系中的谁。

心理学的课程中，经常有一个练习，以“我是”开头写10个句子（见本书第25页）。很多人会这样写：我是父亲、我是丈夫、我是儿子……每个人都可以列出自己充当的角色的清单，而这些角色，都属于某种特定的关系。

你的这些角色完成得如何，是否得到了关系中的他人的正面安抚，直接影响我们对自己的评价：我是个好父亲吗？我是个好丈夫吗？我是个好妈妈吗？无论怎么强调一个人不可能得到每个人的喜欢，我们还是希望别人喜欢我们，这是多么深的执念，因为这直接决定了我们自己能否确认自己的“我好”。

二、沟通中的2种目的

关于沟通，我们需要思考：人们为什么要彼此交谈？

很多人的回答是“解决问题”，就是要通过沟通达到自己的目的。解决问题确实是沟通的一个目的，但沟通的另一个更根本目的是增进关系，增进关系才是我们沟通的真实目的。我们需要通过沟通来验证我们的存在感，而解决问题只不过是随之产生的结果。

在沟通时，我们一定要做好两种准备：解决问题或者不能解决问题。当我们把解决问题当成沟通的唯一目的时，就不可能关注到对方的需求。不仅如此，因为过于执着于解决问题，反而有可能破坏关系。所以，当我们沟通时，一定要记住，即使不能解决问题，也不要破坏关系。

三、沟通的3种类型

本书第2章提到了人格部分，给大家介绍了3种自我状态——父母、成人、儿童。其实在沟通时，人与人就是不停地在这3种自我状态之间切换。所以，两个人的沟通就像6个人在对话，见下图。

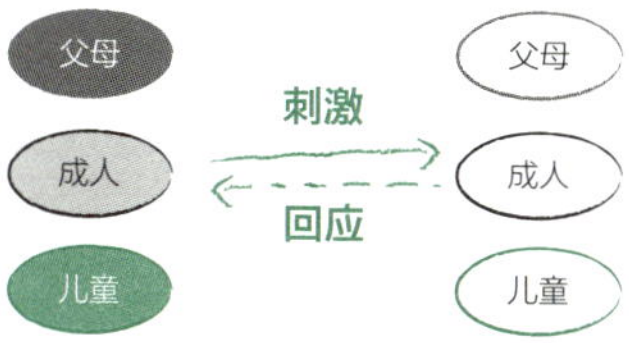

根据沟通双方不同的行为，沟通可以分为3种基本类型：平行沟通、交错沟通、隐藏沟通。

【例1】

丈夫：今晚去看电影吧？

妻子：好啊，听说《战狼2》很好看。你最近挺累的，去放松一下！

这是一次相互以成人自我状态交往的情境。丈夫的话是探索性的，也体现了对妻子意见和喜好的尊重。妻子的回答把丈夫的愿望和自己的意图统一了起来，既坦率地表达了自己的观点，也表达了对丈夫的体贴。这种沟通是成功的，它对促进双方良好的关系起到了积极作用。

【例2】

丈夫：头好痛，今晚不想吃饭了。

妻子：怎么了，是不是病了，喝杯热水，先去躺会儿。

一般头痛并不是什么大病，作为一个成人是不必唉声叹气、叫苦连天的。显然，丈夫是以儿童自我状态对待妻子，要求得到母亲式的关怀和照顾。妻子以父母自我状态对待丈夫的儿童自我状态，正好满足了“儿童”的需要。因此，他们的这次沟通是成功的，双方都满足了心理上的需要。

很多人分享婚姻秘诀时说到的“包容”就是这样，当一方流露出不够成熟的一面时，另一方能理解、能照顾。

平行沟通为适应的、预期中的沟通方式，一方发出沟通指向的状态和对方回应的状态是相同的。例 1 中，丈夫问去不去看电影，妻子不仅给予了回答，而且考虑到了丈夫的需求。例 2 中，丈夫表达了自己的难受，妻子给予了关注和安慰。所以，他们之间的沟通是平行的，如下图：

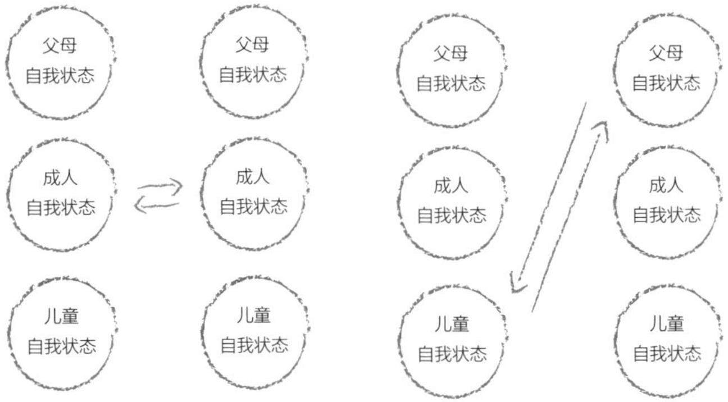

【例 3】

丈夫：电卡在哪儿？

妻子：我怎么知道，上次充完值是你放的，天天丢三落四的！

丈夫的话是探索性的，来自成人自我状态。但妻子并不答复他的疑问，而只是指责，并且这种指责有点过分。丈夫的成人自我状态本应指向妻子的成人自我状态，而妻子却将父母自我状态指向了丈夫的儿童自我状态，二者交叉，不但使本次沟通不成功，而且有可能妨碍下一步的交流。

这种类型的沟通属于交错沟通。丈夫如果要使沟通成功地继续下去，他也许不得不作检讨或者向妻子提出恳求，这就意味着他以儿童自我状态指向妻子的父母自我状态。如果妻子首先告诉丈夫电卡在什么地方，或者表示愿意帮助他寻找，又或者说她现在正忙于某件事，不能替他找，说声“对不起”等，这种沟通就变成了平行沟通。

【例 4】

妻子：慧慧家换了台新车啊！

丈夫：你什么时候能知足呢？

妻子只是说自己看到的事实，丈夫却认为妻子又在比较，在提要求，所以开始指责。当两个人怒目相向、转过身谁也不理谁时，意味着他们不愿再继续沟通，或者交错沟通出现了：一方指向的状态和另一方回应的状态不一致。

当一方发出对话时，另一方给予了非预期中的反应，发起的一方可能会退缩、逃避或转移，因为沟通已经背离了初衷。人际关系的痛苦经常因交错沟通而来，如父母和孩子之间、丈夫和妻子之间、领导与下属之间、同事之间的交错沟通。一个人发起沟通，期待获得某种关注。如果没有获得预想的结果，就会感受到挫折和被漠视，其沟通状态如下图：

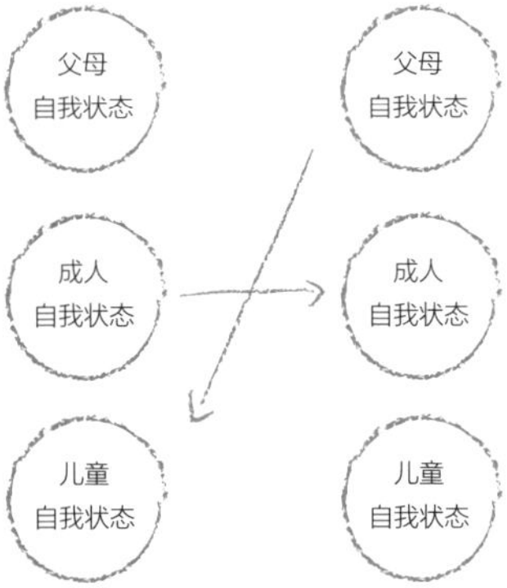

【例5】

销售员：这是今年最流行的款式，而且是限量版，不过你是教师，这件衣服可能太时尚了，会不会不太适合你的身份？

顾客：时尚有什么不好，我下班的时候可以穿，就要这件了。

当销售员这样说时，我们知道她有其他的含义：衣服很好，不过你们这个行业的人比较保守，你敢突破自己吗？顾客感受到被挑战，这就是隐藏沟通。隐藏沟通最复杂，在中国文化里应用得也最多。它有别于平行沟通和交错沟通，在一次沟通中，涉及一个人两种以上的自我状态。

本例中，表面上销售员的沟通发自成人自我状态，但实际上是以父母自我状态指责顾客“你太保守了，不敢尝试”。如果顾客这个时候保持成人自我状态，会认真地想一想，然后回答：“嗯，这衣服确实很好，不过对我而言，没什么场合适合穿。我还是不要了。”但如果顾客的儿童自我状态接受到了挑战，就会如例中所答。这就构成了一个完整的隐藏沟通。

很多时候，隐藏沟通是以社会接受的方式表达的，如下例。

【例6】

小赵：“王哥，下班后怎么走啊？”

老王：“你小子，又想搭车吧，说吧，去哪，我送你。”

本例中的小赵与老王很熟悉，所以读懂了对方表达的意思。在例5和例6中，沟通的另一方都听懂了对方隐藏的意思，并给予回应，这属于成功的隐藏沟通。当然，有时对方听不懂或者听懂了但并不回应，那就是失败的隐藏沟通。如例5中，销售员说完话后，顾客回答说“确实不合适，我没什么场合能穿，算了吧”，这就是失败的隐藏沟通。

隐藏沟通传递两种信息，一种是社会层面的信息，另一种是心理层面的信息（这个部分是隐藏的），而真正决定沟通是否能进行的，是心理层面的信息是否被接收到。如例6中，小赵真正想表达的是像儿童一样发出请求“你能带我吗”，对方接收到之后，沟通就愉快地进行下去了。

所以，沟通中有3种状态可以选择。我们和他人沟通时，应该思考对方是在什么状态，自己应该用什么状态。所以，沟通是有技巧的，是有理论依据的，我们要依据情境来选择自己合适的沟通状态。有的人会说：这不就是见什么人说什么话嘛，我不想成为一个圆滑的人。其实，这是用道德感来推卸自己对沟通应该付的责任。沟通是双向的，如果你想达到一定的目的，如果你想留给对方好的印象，如果你想增进关系，就要关注对方的需求和对方的风格，并且因此来调整自己。

沟通中，不用心、不动脑子的人其实是懒，给自己戴个道德光环的理由很可笑。你不在意对方的感受，只在意自己说得对不对，或者有人说“我这个人就是说话直”，或者“毒舌”，那从根本上来说就是自恋加冷漠。

四、沟通中的4种心理地位

我们在第一章讲到了心理地位，如下图。其实每个人在开始沟通时，必然已经在一种心理地位状态中了。也就是说，很多时候，我们是带着预设进入沟通的。

让我们来看下面的例子：

晓桐和李静是闺密，也是同行。晓桐刚刚升任一个部门的主管，需要完成一项研究。这时，部门下属对于她的提拔还不认同，并不配合她的工作。焦虑之下，晓桐请求李静帮自己完成前

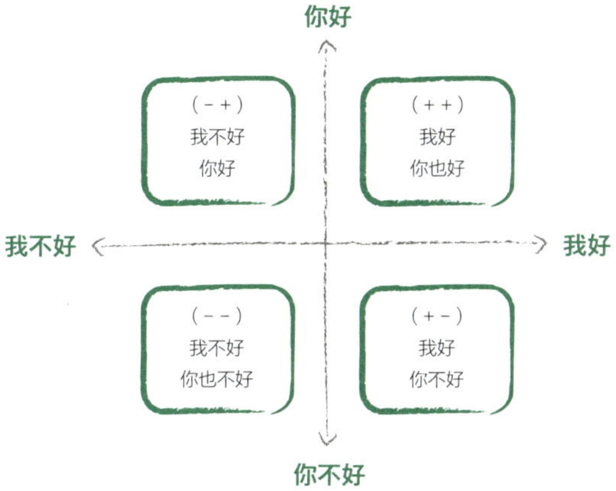

4 种心理地位示意图

期资料收集的工作。

李静考虑到这个工作需要收集外文文献，而自己的英文水平并不高，同时也没有充足的时间去做这个工作。另外，她知道晓桐是一个对工作要求完美的人，如果达不到她的要求，反而会影响她俩之间的关系。所以，她拒绝了晓桐。但同时，她提出了自己对这个研究的思路，建议晓桐去找大学里的博士生来完成前期资料的收集，因为他们无论在时间充裕度上，还是在英文水平上，都更合适。

另外，她也告诉晓桐，在研究的过程中，遇到困难可以随时和她沟通，她从研究思路层面可以提供帮助，并可以帮助寻找资源。

我们来思考一下，在不同的心理地位下，晓桐分别会有什么反应?

如果她处在“我好，你也好”这个象限，她就会接受李静的建议，因为从成人自我状态的角度来看，这确实是更合适的安排。虽然李静并没有直接答应她的请求，但她根据自己的情况提供了帮助，也理解了她的难处，这是一种求同存异的解决问题的方法。

如果她处在“我好，你不好”这个象限，她可能会对李静产生指责：我这么信任你，在关键时刻你却不帮我？她接受不了被拒绝，同时也会漠视对方可以提供帮助的部分。

如果她处在“我不好，你好”这个象限，她可能会有挫败感，我怎么这么失败，下属不支持我，关键时刻，连闺密都不帮我，她可能有被抛弃的感觉。

如果她处在“我不好，你也不好”这个象限，她可能会想，我这么笨，连个真心的朋友都没有。她会被唤起绝望感，觉得自己很失败，别人也不值得信任。

所以，不同的心理地位必然会让沟通产生不同的结果。

五、沟通中的5个自我

我们在第二章里讲到了自我状态分为5种：控制型父母自我状态（CP）、养育型父母自我状态（NP）、成人自我状态（A）、适应型儿童自我状态（AC）、自由型儿童自我状态（FC）。

每个人人格中的自我状态都有5种不同的功能，所以在任何沟通情境中，我们都有5种选择。我们需要觉察自己在沟通中最擅长的是哪种自我状态，最不擅长的又是哪种状态。在适当的情境中，用不同的自我状态进行沟通。

第二节　读懂沟通中的潜台词

一、潜台词公式与沟通中的戏剧三角形

你有没有这种经历，觉得跟别人的沟通很不舒服。比如，总感觉自己被欺负，但又说不出来；或者感觉自己总是失败，然后对自己说类似的话："为什么我总遇见这样的人？""为什么我总是这么倒霉？"

如果你有这样的经验，用沟通分析理论来说，你很有可能已经进入一种心理游戏。像所有的运动类游戏一样，心理游戏也有一定的规则、步骤和必然的结局。

1. 心理游戏

沟通分析心理学创始人艾瑞克·伯恩认为，心理游戏是两个人相处时一连串的交流与沟通，但这种沟通并不愉悦。艾瑞

克·伯恩对心理游戏的定义是“以隐藏的动机为根本，貌似合理化的一套重复出现的沟通方式”。更简单地说，它是“一系列诡异的沟通”。

沟通中的心理游戏有几个特点。

一是处在游戏中的人在意识层面并不自知，表面上看并不是有意创造冲突。

二是游戏结局很混乱，大家的感觉都很挫败，互相指责。

三是游戏是一再重复的。每个人都会把自己最熟悉的心理游戏一玩再玩，人物和背景会变，但游戏的形态是一样的。因此，若与人相处时一再重复发生同一情况，就要注意其中是否有心理游戏发生。我们常听到“为什么这种事老是发生在我身上”这句话，就很可能是这种情形。

四是参与游戏的人之间都会有隐藏沟通。在表面的沟通下，会有隐藏的信息在传递。在这样的过程中，人们可以找到愿意和自己玩游戏的人。

五是游戏中都有角色的转换。

2. 游戏公式与戏剧三角形

一个发起心理游戏的人，就像在钓鱼，放下鱼饵，吸引别人来上钩。只要别人上钩，游戏便开始。所以，至少要有两个人才能玩心理游戏。如果有人想邀请你进入游戏，而你不给他任何反应，游戏便无从发生。有的时候，若能平心静气地回想整个过程，你可能会想清楚当初两个人是如何开始这样一个心理游戏的。

艾瑞克·伯恩把心理游戏的过程用六个阶段来描述，他称为游戏公式：

饵＋钩＝反应→混乱→转换→结局

其实所有的游戏角色的原型都是孩子，孩子会因为内心的不成熟而做出一些反应。看下面的例子：

4岁的萌萌不小心碰掉了杯子。

妈妈进来问："怎么回事？谁干的？"

"姐姐！"

"胡说，姐姐在幼儿园，没回来呢！"

"就是姐姐，不是我！"萌萌开始大声哭闹。

"做了错事还撒谎！"妈妈大声喊。

在类似这样的情境里，很多家长是明知故问，这就是饵。那什么是钩呢？钩是指沟通另一方的弱点或欲望，如例子中的孩子想表示自己是个好孩子，没有做坏事，这就是钩，所以孩子必然上钩。

接下来，孩子的反应是撒谎找替罪羊，妈妈的指责和孩子的抗议让局面陷入混乱。此时，妈妈的感觉开始转换：妈妈由开始的指责方变成被欺骗的一方，变得很生气。

这就是美国心理学家史蒂芬·卡普曼的戏剧三角形理论。他用一种简单有力的图形来分析心理游戏，认为只要是玩心理游戏，主角必定是迫害者、拯救者、受害者三种角色之一，如下图。

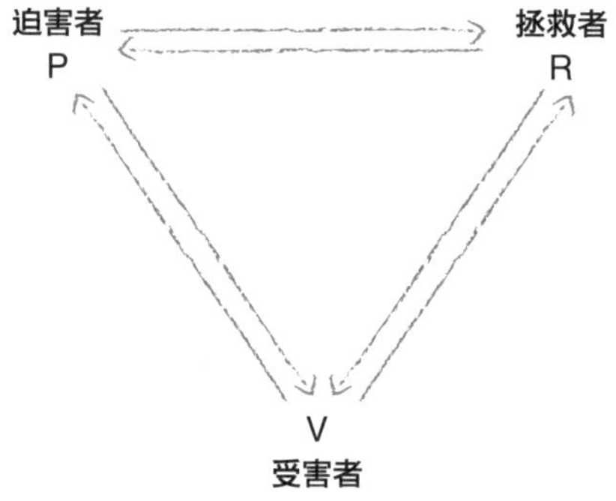

戏剧三角形

迫害者：习惯性地贬低别人，把别人看得较低下、不好、没有能力，总在指责评价别人。

拯救者：把别人看得较低下、不好，但他的方式不是指责批评，而是以高人一等的心态为对方提供帮助，他相信“我必须帮助别人，因为他们不够好，无法帮助自己”。

受害者：自认自己较低下、不好，被欺负了。

玩游戏的人之间缺乏基本的相互信任，没有诚实、亲密和开放的关系。人们玩心理游戏是因为它能引起别人对自己的关注，或是打发时间，或是强化早期对自己、对别人、对命运的看法，如“我就知道没人真正在意我”“我就知道我不可能成功”或“我就是这命，干什么都不顺”。

二、常见的心理游戏

1. “是的，但是”

关于毕业论文的焦虑

A：我的论文在最后期限前完不成了，怎么办呢？

B：怎么会呢，还有2个月。

A：这2个月我还要实习，哪有时间？

B：晚上可以写啊，还有周末。

A：你以为实习工作轻松啊，晚上经常加班，这决定了我能否留在那个单位。

B：周末呢，你做什么？

A：周末有时很累，有时又很焦虑，总担心能否有个理想工作，不能安心写论文。

B：那能不能申请延期？

A：教授说了，今年卡得特别严，不能例外。

B：别人也都是在这种情况下完成的啊，你到底想不想顺利毕业？

A：我怎么不想，不想能这么着急！

这种游戏的结局是所有人都很沮丧。表面上是A对于毕业论文的事提出寻求帮助的信息，但他成功地拒绝了所有的建议。就像个孩子，虽然从父母那里得各种各样的建议，但没有一个建议让他满意。A后来承认，他早已考虑过所有对他的建议。

在这个游戏中，A用他的儿童自我状态对待其他人的父母自我状态，吸引其他人对他的关注，关注他情况的严重性，关注他的巨大压力，关注他的无助感。

他内心的隐蔽动机是任何自以为是的指导都不可能告诉他任何新的东西，也不可能真的帮到他。在两人都很沮丧时，他的心理地位和潜台词也很明显："我是没做好，你同样帮不了我"（我不好，你也不好）。这个过程中，发起游戏的人是A。

沟通中的戏剧三角形

朋友B最早扮演的是拯救者，帮无法完成论文的A出主意，想办法。当所有的建议都被拒绝之后，B有了挫折感，成了受害者，然后开始愤怒，怀疑对方是否想努力完成，便发出指责，变成迫害者，他的角色转变如下图。

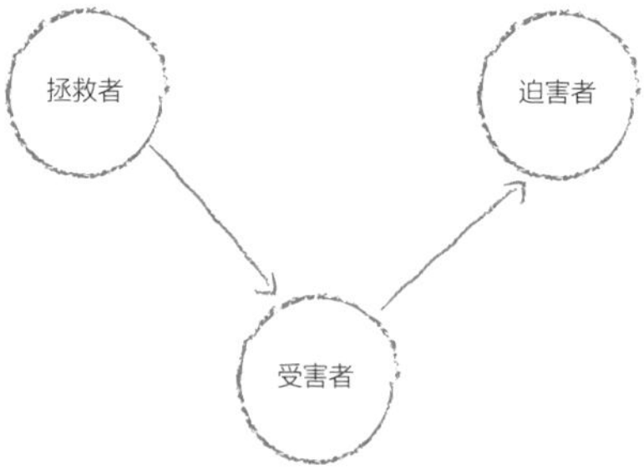

沟通中的自我状态

这个游戏是建立在早期儿童自我状态的判断基础上的。本案例中的A，他的母亲在他5岁时去世，他父亲又娶了一个比较粗心的继母，而父亲一直没有足够的时间来帮助和关心他。所以，A在儿童时期的判断是父亲和继母只关心他们自己，对他并不关心。别人给自己出的主意只是敷衍，并没人真正关注他的感受。

“是的，但是”这个游戏一再印证了他的判断，但不会给他带来真正的成长和改变。A希望自己像孩子一样得到关注，但由于幼年没有成功获得关注的经验，所以不能直接表达自己的这种需要。于是，他通过游戏的方式成功地把自己无助的感觉传达给了对方。

在沟通中什么被漠视了

此情境中，游戏的发起人是表面上寻求帮助的朋友A，A漠视了三个最基本的事实：一是自己已经长大，不再是那个处处需要帮助的孩子，自己有足够的解决问题的能力；二是环境已经改变，朋友不是父亲和继母；三是漠视父亲和继母用他们自己的方式付出的关心。这三个漠视产生的根源都是因为在A的人格结构中，儿童自我状态占了太多的比重。

儿童自我状态有一些自己的缺点。

~ 弱小的儿童天生会感到恐惧，很害怕没有人来保护自己、照顾自己，最害怕被父母遗弃。

~ 在儿童自我状态下，容易自我纵容，希望事事如自己所愿。他想要的东西，都想立即实现。儿童很多时候以自我为中心，认为自己需要帮助，但这种帮助必须是以自己喜欢的方式出现。如果别人用他们自己的方式去关心他，他是感受不到的。

~ 儿童都不愿长大，不愿承担责任，过多关注困难和问题，忽视自己的能力。

~ 儿童对别人的能力存在一种幻想，因为总把自己当孩子，所以觉得别人都是大人，都应该有更好的办法。如果对方没有让自己满意的办法，就认为对方不关心自己，不爱自己。

A 如何调整

~ 觉察。当自己出现“没人能真正理解我，关心我”这种感觉时，要觉察到自己又回到那个无助的儿童自我状态了。

~ 表达。真诚地向他人表达这种无助的状态，而不是戴着成人的面具假装求助，进入游戏，再次印证没人关注自己，那只会让自己更沮丧。

~ 寻求别人能够提供的帮助，即接受别人按他们自己的方式帮助自己。如上例中，写论文需要收集资料，如果需要这方面的帮助，直接表达出来，朋友就更了解如何去做，使用心理游戏的方式只会让大家无所适从。

2.“我抓到你了”

无效会议

出场人物：部门经理A及职员B、C、D、E

A：今天我们来讨论兼职顾问的管理方式，大家谈谈自己的想法。

B：我们在各区域的兼职顾问应该有个组织，加强相互交流和沟通，这样才能增强凝聚力。

A：目前我们没有精力做这个事情，这个先放放。

C：应该多给兼职顾问创造一些专业上提升和交流的机会，这样他们才愿意给我们提供长期的服务。

A：对于这点你有什么具体的计划吗，前提是，不能增加公司的成本。

C：这个……

D：可以请一些初级的顾问，他们经验不太丰富，但从业热情高，对收入也不会太计较，有利于我们降低成本。

A：我们服务的都是世界500强公司，雇这些初级顾问风险太大了。

E：可以找一些地方的小顾问公司作为我们的挂牌服务商，这样我们就不用每次再派人过去，可以大大降低差旅成本。

A：他们羽翼渐丰，会抢我们在当地的客户。

沉默……

A：我就知道，没有人认真动脑子想过这些问题。

A：既然这样，我来谈谈自己的想法……（30分钟过去了）对于这些，大家有什么意见吗？

沉默……

A：好，那就这样，散会。

这是职场中常见的会议情境。因为承担压力、感到不满的人是经理A，所以我们从经理A的角度分析。

从表面来看，这是一个思考周全的经理和一群不敬业的员工，但从中我们可以看出，经理A内心隐藏着一种不安全感，他这样的沟通方式是为了让自己的方案不受到攻击。这个例子里的经理A，可能是带着这样一种想法来到会议室的：我知道你们一直瞧不起我，认为我不够专业。别想否定我，我会让你们尝尝我的厉害。这是一种“我好，你不好”的心理地位。

在这个沟通中，从表面上看，经理A提出问题：“今天我们来讨论兼职顾问的管理方式，大家谈谈自己的想法。”这好像是一种成人与成人之间的正常沟通，是一个成年人在向另外几个成年人征求意见。但是当职员B、C、D、E都提出自己的意见后，他们的意见都被经理A以各种理由立即否决，而且他会告诉对方否决的理由，并批评说：“我就知道，没有人认真动脑子想过这些问题。”

因此，在表面之下隐藏着另一种沟通，就是经理A用父母自我状态对职员们的儿童自我状态进行沟通。

沟通中的自我状态

表面上是经理A与员工都像成年人一样在讨论问题，就事论事，但心理层面的真实状况却是一个挑剔的父母处处指责不负责任的孩子。经理 A 并没有给出确切的标准，然后别人怎么做他都苛责。他钻的牛角尖就是他对自己的心理地位——我就知道你们瞧不起我。

他的做法就像小时候他的父母总是批评他，使他无所适从，做也不是，不做也不是。成了管理人员后，他扮演了一个批评式的父母角色，处处挑剔在他看来像不负责任的儿童一样的员工。这是受他童年经历的影响，他的父母也许对他的限制过严，也许完全放任不管，导致他反抗的心理。

在沟通中什么被漠视了

发起游戏的人都会存在一种漠视现象，主要表现为漠视存在的问题，漠视问题改变的可能性，漠视个人解决问题的能力。

在此情境中，游戏的发起人——经理 A 漠视的是自己的能力。按正常的沟通方式，他应该提出自己的计划，让大家提出不足之处，共同完善。如果他对自己的方案有自信，即使大家提出不同意见，他自己也有能力说服。

正是因为他对自己的能力不自信，所以先否定每个人，等大家接收到他隐藏的潜台词（你们说的都不对，说了也没用）后，才提出自己的方案。经理 A 心理层面的真实感受是自己平时没有得到足够的尊重，认为员工不认同自己，内心深处也在怀疑自己是否有能力坐在现在的位置上。

经理 A 如何调整

如果经理 A 希望与员工实现正常的沟通，希望大家一起来完善自己的方案，他可以从以下几个方面着手：

~ 从内心深处接纳自己，即使自己的能力有所欠缺，但他是部门领导是事实。真实地接纳自己，首先要正视自己的不足，提出自己的方案，也提出自己的困难，明确指出哪些方面需要大家的帮助，这样的会议会有效得多。

~ 调整心理地位，告诉自己，没有人想否定或取代自己。

下属如何应对

对于不自信的经理 A，要从平时的细节中注意，去尊重并认可他。

~ 无论领导的能力、为人如何，下属都不能说三道四，不要散播对领导的“流言蜚语”，要管住自己的嘴。

~ 要有足够的耐心。不自信的领导比较麻烦，所以下属一定要把自己的心态调整好。

~ 总结出经理 A 更注重哪些方面。不自信的领导可能既关心过程，又关心结果，但是他总有更为关注的方面，下属可以在这些方面事先准备一下。

~ 工作要做到位，把事情一条条列出来，整整齐齐，依据、资料及结论都要清晰。经理 A 想不起来的时候可以去看文件，不用一遍又一遍来找下属。

~ 对经理 A 提出的方案的不足之处，在执行中自然地修订，不需要事先在言语上反驳或强调。

~ 和不自信的经理 A 相处，最难的就是如何不受他的情绪困扰。由于焦虑，他可能经常处在负面情绪下，而他的领导角色又让他可以自由地表达这种情绪。作为下属，首先要不断地告诉自己，他的情绪与你无关，他的评价也并非全部客观。只有这样，才能在和他发生冲突时，保持冷静，就像睁开了第三只眼睛，能跳出来看他为什么发脾气。

3. “要不是为了你”

丈夫情绪不稳定，总是因为很小的事发脾气

出场人物

妻子：某研究所主任，博士

丈夫：私营公司经理

妻子：我不知道你什么时候会坏情绪爆发，有时是在跟朋友一起吃饭时，有时因为在小区停车，有时因为我不回家吃饭。那个时候你变了一个人，完全不顾形象。我是个要面子的人，觉得这样在朋友和同事面前特别丢脸。

丈夫：这么多年，你很自私，并不关心我。当年我们一起在研究所工作，那会儿工资非常低。记得有一次，儿子看到别的小朋友吃香蕉也想吃，你也想买衣服，我却拿不出钱来。你认为，

两个人都做研究工作，生活没办法过下去，你总是唠叨。我看不了自己的亲人受委屈，所以辞职出来创业。当时我的父母非常反对，因为我是家中唯一的儿子，父母一直希望我事业有成。但我为了家庭，还是坚持了自己的选择。经过10多年的拼搏，家里的经济状况有了很大的改变，从没让你为钱操过心，儿子也已经出国留学。现在，你事业有成，却越来越不关注我。很少回家吃饭，总是说忙。我在想，如果当初我不辞职，我也会非常优秀的。要不是为了这个家，我怎么会选择这条路。

妻子：我觉得大家都是成年人，应该自己照顾自己。你太细腻、太敏感了，关注的都是小事。

丈夫：对，我关注的都是小事。因为家里的大事都由你决定，如何投资，在哪里置业。我很希望把自己的妈妈接来，但你不愿意，只好作罢。

妻子：我做这些事是因为我确实有能力，我投资的收益确实很好啊！

丈夫：你不知道我当时出来创业吃了多少苦，受了多少委屈。一个搞研究的人出来经商，处处求人，看人脸色，面对客户要特别小心，生怕说错话，每天好多细节都必须想到。现在好不容易生意上了轨道，我不需要再花那么多心思在生意上，所以想好好享受一下家庭生活。但你总是忙。

妻子：我有自己的工作，没有你那么多的自由时间，不可能拿出那么多时间陪你，以后也做不到。

丈夫：我当初为了你和儿子，可以牺牲自己的事业，你现在为什么不能为了我牺牲一点呢？

妻子：我怎么牺牲呢？你让我辞掉这个领导的职务，我不甘心。你让我辞职，我更不愿意。

丈夫：我现在真后悔当初的选择，在我的心中，家庭占到了90%，但现在我怀疑这是否值得。

这是婚姻中常见的心理游戏。丈夫的中心深深埋着三句话：

~ 要不是为了你和儿子，我怎么会辞职，放弃自己的事业？

~ 要不是为了你高兴，我早就把我妈妈接来尽孝了。

~ 我从不考虑自己，一直在为你牺牲，但我没有得到自己想要的（妻子的关注）。

所以，丈夫内心的压抑和不满情绪非常多，才会总因为小事发脾气。

因为目前情绪不好的是丈夫，所以我们的分析从丈夫的角度出发。我们把这种心理游戏命名为“要不是为了你（你们）”，这也是丈夫内心深处的潜台词。

表面的事实，是丈夫为了家庭牺牲自己的事业：从最初为了改善家庭生活，辞了适合自己的安逸工作，到为了发展，去做自己并不擅长的市场开发，其中的艰辛可想而知。如果我们了解一下夫妻建立家庭的过程就可以知道，在这个案例中，维系两人关系的前提就是“丈夫要让妻子过好的日子，不能吃苦”。所以，丈夫隐蔽的内心动机是希望通过满足身边人的所有要求，来获得自我价值感和认同感。

本案例中，丈夫从不让妻子为钱操心，给了她优厚的物质条件，以此来证明自己的价值，从而获得安全感。但他会认为自己做这一切都是为了妻子，所以他也会对妻子抱有同样的期望：你也应该照顾我的感受。他失望了，所以他的潜台词就是：为了家庭我勇于牺牲，而你太自私了。他这时的心理地位是“我好，你不好”。

沟通中的戏剧三角形

在游戏的开始，丈夫是家庭的拯救者，丰厚的收入改善了家庭生活条件。当他感觉到自己不受关注时，他变成了受害者。最后，他又开始指责妻子的自私，后悔自己的选择，认为妻子是导致自己辞职、不能当孝子的原因。此时，他又成了一个迫害者。

沟通中的自我状态

表面上的沟通是丈夫像一个父母一样保护自己的妻子（把妻子当儿童），但心理层面的真实状况却是一个儿童希望得到父母（妻子扮演父母角色）的认可：你看，我多努力啊！而妻子并没有读懂这个信息，还在像孩子一样依赖对方：不要对我提要求嘛，你的事我也没办法。

在沟通中什么被漠视了

在这个心理游戏中，被漠视的主要是以下几个方面：

~ 存在的问题：20 世纪 90 年代，因为物质生活的匮乏，很多家庭的孩子吃不到水果，妻子不能买漂亮的衣服。但大多数人都不会因此放弃公职下海经商，丈夫为什么这么做呢，是自己喜欢吗？不是，丈夫坦言，自己的个性内向敏感，并不适合经商，面对客户做销售时压力很大。导致他做出这个决定的原因是自我价值的条件化：对于他而言，他自我价值的实现是以满足妻子和孩子的所有需求为条件的，这才是真正的问题。丈夫也认为只有这样，才能维系两人的感情。

继续去探究丈夫有这样的想法的原因，会发现我们熟悉的情节：一个家境普通但个人条件优秀的男孩喜欢上了一个家世很好的女孩儿，开始时肯定有很多障碍，但男孩很痴心、很执着，发誓会一辈子对她好，不让她操心，一辈子都快乐。婚姻生活的规则就这样形成了，这才是这段婚姻中真正存在的问题。

~ 问题改变的可能性及解决问题的能力：在本案例中，当丈夫遇到研究工作者工资低这样的难题时，认同了妻子的“两个做研究的人没办法生存”的观点。在那个年代，很多人都坚持了下来，而且待遇是会不断提高的。所以，在这个心理游戏中，他漠视了改变问题的可能性，也漠视了个人在不放弃公职的条件下解决生活问题的能力。

丈夫如何调整

~ 丈夫应该发展自己的成人自我状态，即自我价值的去条件化。当我们成为一个成年人时，自身的价值评定要更多地来自内在，而不是依赖于他人的肯定。

~ 丈夫要正视目前存在的问题。丈夫有了越来越多的空闲时间，不知如何去利用，这才是他自己真正要解决的问题。

~ 不再扮演受害者，要像一个成年人一样照顾自己。恋爱和婚姻是不同的，恋爱过程中，我们都会把对方像孩子一样照顾，体会那种最亲密的依赖关系，爱情的过程更多的是一种情感体验过程。这个过程中，每个人的儿童自我状态都很多。同样，养育型父母自我状态也很多。但婚姻从本质上讲是一种组织的生存方式，只不过这个组织的人数比较少，但组织的规则却是一样的，即要求双方都要心理成熟独立，不能时时像孩子一样依赖对方。在目前的阶段，妻子的工作正是关键阶段，让她放弃是不可能的。丈夫需要做的是像个成年人一样自己照顾自己，找到自己的快乐和打发时间的方式。

妻子如何应对

~ 适当地关注与认同丈夫，承认丈夫在家庭生活中的贡献。其实丈夫的要求很简单，就像一个孩子考了高分想得到父母的夸奖一样，妻子需要经常表达自己的这种认同，而不能认为丈夫做的是分内事，理所应当。这会让丈夫的儿童自我状态受到伤害。

一起去面对丈夫目前的问题，陪他找到打发空闲时间的方式。在这类游戏中，这个解决方法是最有效的。游戏的发起者之所以不满，是因为他现在的生活状态不理想，他遇到了困难，感觉被忽视，所以才归因于“我现在这样，都是为了你们”。因此，要想真正结束游戏，就要陪他面对并解决自己目前真实存在的问题。

4. “都是你的错”

年轻人办事不靠谱

出场人物　经理老张和员工小李

老张：小李，这个项目就靠你了，它对我们公司的发展意义重大啊。

小李：啊，经理，这么大的项目交给我，我刚来没多久。

老张：没事，大胆去干，你这么年轻，学东西快。

小李：可是，我真挺担心的，合同中的好多东西我都不懂，比如付款方式啊、税点啊，我怕搞砸了。

老张：怕什么，公司的制度都是现成的，合同文本你照着来就行。我相信你，没问题的！

小李：谢谢经理，我一定努力！

合同签成了，年底。

老张：小李，怎么回事，对方现在要发票，知不知道这样我们得多缴20万元的税。

小李：这个……我不懂，付款方式和发票都是按公司的范本走的。

老张：不懂要学啊，早知道年轻人办事不靠谱了，这么好的事全砸你手里了。

小李：……（沉默：不是你说让按合同范本走的嘛）

游戏的开始，我们看到的是一个民主的、鼓励下属的好领导和因感觉被信任而激动的下属；游戏的中间是悠然自得的领导和疲于奔命的下属；游戏的结局是气急败坏的领导和沮丧气愤的下属。本来是老张自己的错误，他却责怪下属，有时候还会抱怨上司。

在这个情境中，游戏的发起人是经理老张。我们看到的表面事实是下属给公司造成损失，领导焦虑着急。但实际上我们看不到经理有什么实际的努力和行为，他只是在指责、抱怨。

在经理的心目中，他的潜台词是“我这么信任你，给你这么好的机会，你却让我失望了”。“我好，你不好”的心理地位跃然纸上。

沟通中的戏剧三角形

一开始，经理老张以拯救者的姿态出现，给新进公司的年轻人创造机会。造成损失后，他扮演受害者，然后很快转变成迫害者，让下属承担所有的责任。

沟通中的自我状态

这个沟通表面上是经理以父母自我状态在批评犯错误的孩子，但其实是处在负面情绪状态的经理像孩子一样推卸责任：这个不是我干的！指责下属其实是他在表达内心的恐惧。这时候的下属处于批评指责经理的父母自我状态：出了事就知道躲。

在沟通中什么被漠视了

经理漠视的是自己和员工解决问题的能力，及上级领导对自己的宽容。玩这种游戏的人，有着极度的不安全感和对自己强烈的不认同感。他不认同自己解决问题的能力，不相信人际关系的安全，认为自己只要有一点错误，上级就不喜欢自己了，所以不敢承担任何责任。

经理如何调整

玩这种游戏的人不会轻易承认自己有问题，因为他内心有强烈的恐惧，所以必须牢牢地穿着自己的盔甲，认为自己是完美的。由于他本身善于伪装，在别人面前一惯以好形象出现，如在下属面前是民主的领导，在上级面前是听话的下属，所以只要不出大的问题，在职场上会比较顺利。但他内心的恐惧和焦虑会不断影响他的身体状况，所以他一般要等到健康情况出了大问题才会觉察。

作为经理，首先，他应该对自己形成一个客观的认知；其次，作为一个职业经理人，必须提高自己的业务水平，否则会永远活在这种恐惧中；再次，放权与监控结合；最后，承担结果。

下属如何应对

跟这样的领导沟通是最需要花心思的。因为他很善于表现，他的位置一般比较稳固。比较简单的下属往往会哑巴吃黄连——有苦说不出，性格太直率的下属又会正好落入其游戏。所以，下属最好的应对办法是取其精华而用之。

~ 要扮演一个好形象，管理好自己的情绪。

~ 在工作上划清界限，节奏要慢，工作要细，保证做一步，对一步。

~ 要清晰地了解自己的工作能力，不要因领导的“鼓励”忘乎所以，接下超出自己工作能力的任务。一旦接下了不适合自己的工作任务，无论进退都是错的。如果迫于形势必须要做这项工作，也要争取有利的资源。

由于玩这种游戏的领导很难自我觉察和调整，所以要想改变沟通状况，主要靠下属，可以借鉴下面的沟通方式。

小李：经理，付款方式和发票开具时间应该如何在合同里约定，会有什么影响，我实在不清楚。

经理：哎呀，看看过去的合同不就行了（他仍然在游戏里）。

小李：我看过了，但这次的合同额比较大，有一部分进度款正好在年底前后，我担心会影响公司的纳税额，听说去年公司出过这样的事，多缴了10万元的税，总经理发了好大的脾气呢！

（告诉经理事情可能产生的严重后果，上级的不满是他最担心的。）

经理：这个……我想起来了，确实有这回事。

小李：你看能不能约财务经理开个会，我们三个一起商量下这件事。你觉得行的话，我去约时间和定会议室。（自己把琐事都承担下来，不给经理增加任何工作量，让他不能再有拒绝的理由）

经理：行吧，你去安排吧。真不让人省心。（他仍然会有强化自己的游戏，不过下属这时就可以不做回应了，那是经理给自己下的台阶）

5.“看，你把我害成什么样子了”

“失败”的培训课

出场人物　培训师及其助手

背景　培训师被邀请去社区做一个演讲，但由于事先沟通出了差错，听众的情况和要求的主题与之前得到的信息有较大的差异。培训师应付起来有些吃力，最后培训的效果并不好。培训结束后，培训师和助手一起去吃饭。于是有了如下的对话。

培训师：今天的培训效果一般啊。

助手：也还可以吧，我看有些人听得很认真。

培训师：确实，我开始得到的信息是观众们的孩子都处于青春期，所以准备的材料都是那方面的。到了以后才发现，孩子们的年龄很小，5岁以前的最多。

助手：嗯，那倒是。

培训师：不过我觉得我调整得还是很快。

助手：是啊，我觉得也不错啊。

培训师：不过我后来就有点没头绪了。我想了一下，是你把纸条递给我之后开始的。在那之前我的思路还是很清晰的，你递了纸条之后我就开始乱了。

助手：(有点晕)纸条？哦，那是底下家长递的纸条啊！

培训师：那你也不用递给我啊，怎么这么不机灵呢。

助手：(无语了)……不是你去之前反复强调要给你当好助手吗？让我观察会场情况，有什么发现随时反馈给你，怎么现在是我的责任了？

很多做助手的人都可能有这个经历，你的上司做错了什么事情，就说是你导致的。做助手的肯定觉得委屈，因为不在重要的位置上，事情不是自己做的，怎么可能负这种责任。但由于上下级的关系，却无法表达这种不满。

我们看到的表面事实是，一个领导经过“冷静地分析”后得出了错误的原因。实际上，在本案例中，是课没上好的培训师觉得没面子，为了挽回面子，表明自己并没有乱了阵脚而说了上面的话。由此可以看出，其隐蔽的内心动机和潜台词是：别觉得我讲得不好，我讲得不好还不是因为你。此时，他的心理地位也很明显：我没讲好，你这助手更差（我不好，你也不好）。

沟通中的自我状态

这个游戏是处在儿童自我状态的培训师发起的。他像一个打碎了花瓶的孩子，妈妈问“谁干的”，孩子的回答一定是“不是我，是小狗干的”。以上的过程中好像没有妈妈，但培训师对自我的定位，却让他自己扮演了被责备的孩子的角色。他不肯面对失败，要求自己表现完美，所以要给自己的失败找一个理由。

所以，这其实是一个儿童自我状态的培训师对自己内心的父母说：“看看，是这个助手害我这样的。”

在沟通中什么被漠视了

在此情境中，游戏的发起人是培训师，他漠视了两个最基本的事实。

~ 夸大了失败的程度，没有看到这个过程中好的一面。所以，他漠视了自我的价值。

~ 漠视了别人对自己的理解。培训中有发挥不好的情况是正常的，决定培训效果的也不是培训师一人，之前的沟通失误也是原因之一，没有人因此否定他。其实是他的自我否定导致了游戏的开始。

培训师如何调整

~ 觉察。当出现“这次培训糟透了”的想法时，问问自己这是别人的评价，还是自己脑海中的父母自我状态在挑剔和指责自己。其实这种负面的感觉往往是自己给自己的，情况并不像自己想象的那样坏。

~ 表达。如果真有这样的想法，不妨说出来。周围的人看得更客观，会告诉你这个过程中好的是哪些方面，需要改进的是哪些方面。简单地指责别人，只能让对方更疏离自己，因为对方会害怕下次再被指责。

6. 法官游戏：上司充当裁判

两个中层经理发生冲突，来找公司一把手王总。

销售经理A：王总，咨询部实在太过分了！

王总：怎么了？

销售经理A：客户要的数据又错了，我怎么跟人家交代？对方老总都急了！

王总：这么严重。咨询经理B，这是怎么回事儿，我们不是强调过吗，你们是支撑部门，要无条件服务于销售部门。

咨询经理B：没有错啊，是对方客户误解了我们这项指标的含义，所以才急的。我们已经解释过了。

王总：行了，反正以后注意点这事啊。

但是这样的事情之后又重复发生，咨询经理B觉得自己并没有错，每次被叫来挨训只会让他与销售经理的矛盾越来越深，沟通更加困难。

在职场中处理下属之间的矛盾是领导的重要职责之一，但只轻易听信一方的言辞就做出反应，却是轻率的。这样做，很多时候不仅解决不了问题，反而会让冲突升级。

由于这是三个人之间的沟通，所以我们分析一下游戏是如何发展的。

游戏开始是部门经理之间因为工作的事发生冲突，来找领导告状。接下来，领导根据一个人的陈述马上做出反应。每个人的感受如何？销售经理A得到了被关注和认同的感觉，咨询经理B感觉委屈、愤怒。最后的结局是事情并没有解决，可能留下隐患，冲突会升级。

在这个过程中，王总无意中当了销售经理A的代言人，让自己成了迫害者，而咨询经理B成了受害者。所以，在处理下属之间的纠纷的过程中，让每个下属都不感到受害，才是最重要的。正确的沟通方式如下：

销售经理A：王总，咨询部实在太过分了！

王总：怎么了？

销售经理A：客户要的数据又错了，我怎么跟人家交代？对方老总都急了！

王总：这么严重，现在怎么样？

销售经理A：说是把指标意义弄混了，刚打电话解释过。

王总：对项目会有什么影响？

销售经理A：倒不会有大的影响，只是这事让人着急。

王总：嗯，客户那边领导发起火来是挺麻烦的。

销售经理A：是啊，觉得这样的事不该发生。

王总：你觉得是支撑部门工作失误吗？

销售经理A：那倒说不上，也没算错。可能两个部门缺乏沟通吧。

王总：嗯，那你看看怎么能避免再发生这样的事，需要我从中做什么协调，你直接说。

领导应尽量让沟通简单化，弄明白下属来找自己的目的，让对方提出直接可行的要求。当然，在这之前，可能有必要去处理一下下属的情绪。但这恰恰是很多领导做得不够的地方，因为我们常常觉得在职场上不应该有情绪，有情绪的都是不成熟的人，所以往往会忽视这一部分。但如果大家都在情绪的影响下工作，只会让事情越来越复杂。

心理游戏有很多种，每个人都有自己爱玩的心理游戏，你也可以自己去发现并命名你的心理游戏。

咨询室　如何跳出心理游戏

想一个最终让你感觉不好又反复发生的情景，核查其他游戏的线索，不好的沟通结果是否可预测。你怀疑是隐藏沟通，而且你在其中的角色还有某种转换。

使用下面这个过程，来增强你的意识，并规划新的选择。

1.这是如何开始的？

2.之后发生了什么？

3.后来又发生了什么？

4.你有什么感觉？

5.你觉得对方有什么感受？

6.你觉得其中隐藏的信息是什么？

7.你真正想对这个人说什么？

8.你觉得他们想对你说什么？

9.最后结局怎么样？

10.要想得到一个更有建设性的结果，你可以从哪一步有所改变？

如果发现自己在玩心理游戏，要停下来想一想。

关于拯救者情结：如果你总是有强烈的欲望去帮助别人解决问题，去替别人做事情，那可能是因为你太自恋。永远不要把别人想得比自己惨，沟通分析心理学的哲学基础第一条就是“人都是好的，每个脑部功能正常的人都有解决自己问题的潜力”。而多年心理咨询的经验也告诉我，每每听来访者叙述了自己的经历，我的感觉都是惊讶和敬佩，感叹他们解决问题的超强能力。

面对生活中的各种境遇，来访者用了各种我想不到的办法去应对，而且应对得很好。所以，有很多人问：“你们经常做心理咨询，会不会接收很多垃圾信息，有很多负能量？”我的回答是：“哪里有垃圾，我看到的是无穷的潜力。”

沟通中要控制的是你自己，而不是其他人。有些人认为可以靠控制把其他人留在自己身边。想要控制人，就如同想同时把5个篮球都按在游泳池的水底一样。如果你一直待在水底深处，这样做就很累，也很危险，而且也不可能做到。如果你不想待在水底，那就更没戏了，恐怕连一个球也不能总按在水底。

人就像这些篮球，总想往上漂，浮在水面上，摆脱别人对自己的控制。

每次看到这段话，我都拍案叫绝。这段话指出了一个最重要的概念：人的自主性。总有人会想“我怎么说服别人”“我怎么让别人听我的”。这不是真正的沟通。真正的沟通是在求同存异的基础上发挥自主性。

如果你有强烈的欲望想控制别人，驱使别人去做些什么，让别人接受你的思想，并阻碍他们自己的思想发展，这才真的是危险。你要想一想，这样做你能获得什么，人的自主性就像太阳每天会升起，就像种子都会发芽，是不可抑制的。你控制的欲望越强，你遭遇的反抗也就越激烈，这意味着，你付出的代价也将很惨烈。无论你想控制的人和你是什么关系，是伴侣，是亲子，你最终都将发现，我们无法决定他人的人生。

第三节　职场沟通和家庭沟通

一、职场沟通

职场中要不要学会沟通呢？在一次世界500强通信类企业的培训中，很多省级公司的老总迫切提出了一个要求：给我们的中层管理者讲讲沟通，他们实在太不会沟通了！

很有意思的是，当这些中层管理者被问到自己的沟通能力是否有问题时，他们都认为没有。然后被问及沟通重要吗，他们觉得不重要。这是比较严峻的事实，高层领导那儿已经“亮红灯”了，中层管理层者却自我感觉良好。

在职场层级中，从职场新人到决策层，中间有六个层级：新员工、资深员工、初级管理者、中级管理者、高级管理者、决策者，见下图。

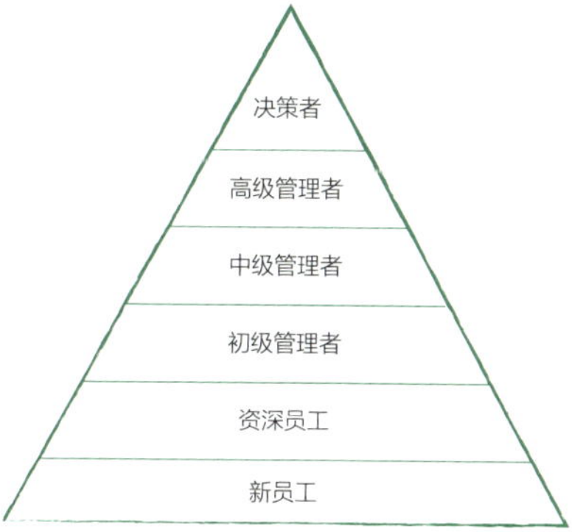

对于下面四个层级来说，如果想让自己的职业生涯有一个好的发展，沟通是一个很重要的工具。很残酷的事实是，从职场新人到资深员工，有些人会一直“资深”下去。如果你不愿意一辈子待在资深员工的位置上，想往更高的层级发展，沟通就是你的必备技能。很多时候，你离升职只有一个“沟通”的距离！

接下来，我们看看这些中层干部的一个培训环节。他们被要求每人做 5 分钟的发言，课程助理准备了一个铃，到时间就提醒。但是每一个上去做课堂展示的人，全都超时，没有一个人在 5 分钟的时候停下。

结束之后他们被问了 4 个问题：

第 1 个问题：你做课堂展示是不是一个沟通过程？大家回答说“是”。

第 2 个问题：你们的课堂展示是给谁听？大家说“给别人听”。

第 3 个问题，5 分钟以后，有人在听吗？这时候，大家不约而同地笑了，因为他们自己坐在台下听别人讲的时候，别说超过 5 分钟了，有人听了 3 分钟就不好好听了，但是站在台上的人却要拼命地把自己的内容讲完。

第 4 个问题：站在台上讲的时候，你关注的是谁？大家都说关注的是自己，为了对自己有个交代，所以超时也要把自己想说的说完。

原来他们说话都是为了给自己听，这就是沟通里最大的问题。这也解释了为什么他们认为自己没问题，而领导觉得他们沟通非常有问题。因为他们根本没关注领导的感受。

职场上的沟通，一定要注意到环境、自己和他人这三要素。首先要对自己所处的环境有所觉察，其次是要关注到职场中的他人，最后是注意自己在环境中的角色。

有的职场新人会说：我要在职场上做自己。做自己是可以的，但是做自己不等于不去考虑别人的感受。

关注他人，会给别人带来认可和存在感。在上面的例子中，你在台上讲话，根本不在意底下的人有没有听，那大家有存在感吗？一个在你面前连存在感都没有的人，有必要去听你说话吗？有必要跟你合作吗？

但职场中人不会直接寻求安抚，大部分会通过隐藏沟通的方式来寻求安抚。先来看看下面这个“年会噩梦”。

公司年会上，老板号召大家畅所欲言。开场白中，老板言辞恳切，说公司是大家的，他是为了梦想做这个公司，希望每个人都有好的发展，并描绘了公司未来发展的美好前景。最后，为了这个美好愿景，希望大家献计献策，来一次头脑风暴。对于公司发展过程中的问题，也希望大家坦诚提出。

面对老板声情并茂的演说，大家的反应不同。有的人表达的是对公司尤其是对领导的高度认同和赞赏；有的人看到了公司的问题，无私地表达出来，希望公司能更好；有的人沉默不语。

最后，无论大家说的什么，老板都以微笑面对，感激大家的用心，令全员上下群情澎湃，年会在一片温暖、激动的氛围中结束。

接下来发生了什么？凡是高度认同公司及领导的同事获得了大力提升和重用，工资也在保密的情况下一涨再涨，年终奖也是最高的；凡是对公司管理制度提出建议的同事，都不着痕迹地从重要岗位上被调离，并且无论成绩如何，从此再无上升机会，工资也是“六月的冰不再冻（动）”，年终奖就更不用说，少得可怜。

在这个过程中，老板只是为了发现他想发现的，印证他想印证的：看看，终于让我抓到了，你们就是不知足，就是不感恩，就是瞧不起公司领导。表面上，老板发扬了民主管理的作风，广泛征求大家对公司的意见。但我们可以看出老板隐蔽的内心动机：我知道公司有些人总在背后对公司的管理说三道四，我要验证一下到底有多少人不认同我。从中我们可以看出他的潜台词和心理地位：别以为我不知道你们背后怎么想的，别想否定我，我绝不允许在我的王国里，有人不认同我，我会让你们尝尝我的厉害（我好，你不好）。

所谓的头脑风暴从一开始就是陷阱，老板想听到的只是赞赏、认同，希望别人感恩，诸如“我到公司后，从各位领导身上学到了很多东西，实现了我的很多梦想。我们公司是业内最厉害的”。这样的话在老板这儿多多益善。如果他听到了不同的声音，倒也在他的想象之中。但对于这些，他早就有了准备，也早就有了自己的判断，接下来，就是顺理成章地“请君入瓮”了。

在职场沟通中，可以遵循以下原则：

~ 同事和领导也都有自己的儿童自我状态，都有脆弱的时候，都需要正面安抚。

~ 沟通之前，识别沟通环境、看清自己和他人的角色。

~ 识别心理游戏，及时摆脱。

~ 主动沟通。

~ 保持自己“我好”的心理地位。当你不认同企业文化时，不要因为自己达不到对方的标准而否定自己，可以选择尽快离开。

二、伴侣沟通

我们经常说，爱人是最好的治疗师。好的伴侣会自然疗愈我们成长中的创伤，可以补充我们在父母那里没有得到的安抚，让我们感受到安全、信任和喜悦。那到底什么算是好的伴侣关系、好的沟通呢？

在一段好的关系里，我们的 5 个自我状态可以良性地沟通，如下图：我们的控制型父母部分比较一致，没有大的冲突，可以互相认同；我们的养育型父母部分可以互相保护；我们的成人部分可以开放地沟通，解决问题；我们的自由型儿童部分可以让我们玩到一块去，享受其中；我们的适应型儿童部分可以灵活转换，互相配合。一段好的关系是既可以待在关系里，也可以允许彼此离开，有自己的成长空间。

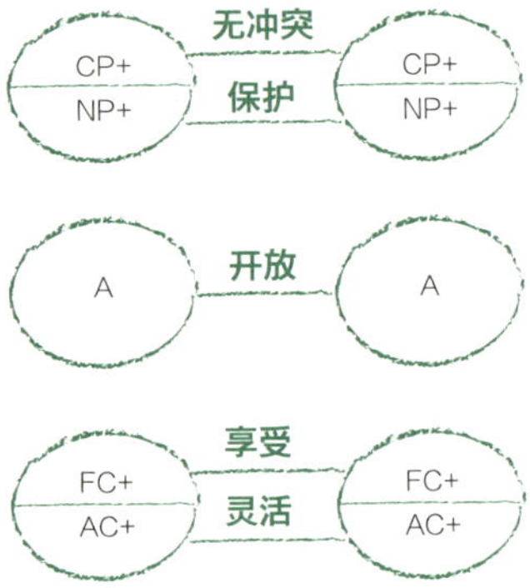

和谐信任的伴侣

想一想，在伴侣的关系之中，你的5种自我状态哪一种比较多，哪一种比较少呢？

以女性为例，在关系中，你是男人的控制者和引领者吗？你是男人的养育者吗？你可以和男人互相合作吗？你是男人的玩伴吗？你可以跟随男人吗？

同样，男性也是一样，需要思考自己在关系中的风格。

在伴侣的沟通当中，我们需要去察觉彼此之间的安抚风格。如果彼此在沟通中传递的正面安抚，尤其是正面无条件安抚比较多，如“我就是看你好”“怎么都好”，彼此间的信任和欣赏就会与日俱增，情感的银行就会存储颇丰。相反，如果彼此在沟通中传递的多是负面安抚，那么，无论热恋期多么亲密，情感银行也会日渐枯竭。

在这里要强调一下，在伴侣之间最应该避免的是无条件负面安抚，如“要你有什么用”之类的语言，这类言语对情感的伤害是毁灭性的。

有些人在情感关系里过分依恋伴侣，把自己所有的情感都寄托在伴侣身上，幻想只通过一个人来满足自己的情感需要，同时也不允许对方有自己的时间和空间，这是注定要失败的方式。与外界隔绝的关系就是无源之水，如果两个人生活在一个封闭的系统之中，就会从相互依赖变成相互禁锢，这时的爱情就成了心理负担。由于害怕对方离开自己，最初的亲密关系也会变成小心翼翼的紧张关系，因为“如果你是我的一切，那我绝不敢冒犯你”。

这种关系潜伏着许多麻烦。如果你的生命建立在“仅留住一个人”的基础上，你就得准备接受一个人也留不住，从而变成孤独一人的后果。

会把对方当成唯一的人，期待对方随时在我们身边，提供给我们一切，是一种儿童式的幻想，这样的伴侣关系不是一种建立在彼此人格完整基础上的关系。处在这种关系中的两个人没有自己的 PAC，而是两个人共同构成了一个 PAC，他们的行为表现得好像只有一个人似的，如下图所示。

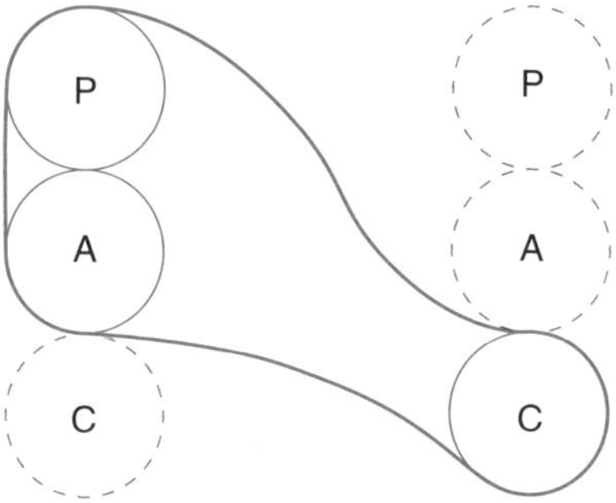

共生的伴侣关系PAC图

人在婴儿期和父母之间的关系就是一种健康的共生关系，但如果我们长大后和伴侣之间还维持这种关系，就是一种不健康的共生关系了。请记住这句话：健康的关系还需要其他社会交往。

三、亲子沟通

都说父母是孩子的第一任老师，那父母该怎么当好这第一任老师呢？要当好这个老师，首要前提是父母自己是一个人格完善的人，5种自我状态能灵活运行。

在孩子的婴儿期，父母需要为其提供很多的无条件正面安抚，多用自己的养育型父母自我状态来帮助孩子建立安全感和信任感，打下“我好”的心理基石。当孩子面临危险时，父母可以用自己的控制型父母自我状态来保护孩子。

但要注意，此时的危险是经由父母的成人自我状态思考评估出来的，而不是幻想出来的。很多父母带着自己成长中的创伤和恐惧，画地为牢，控制孩子的行为、选择，以“我是为你好”的名义把孩子圈养，这样的父母是需要专业的心理咨询干预的。

在养育孩子的过程中，很多父母会陷入这样的迷思：我爱你，所以要保护你；希望你走我熟悉的路；希望你不要走弯路；希望你不要吃我吃过的苦，犯我犯过的错；希望你永远在我的目光里。

其实，在孩子的儿童期，父母应该较多地以自由型儿童自我状态和孩子一起玩耍，来释放孩子的天性。随着孩子的长大，父母应该用到越来越多的成人自我状态和孩子平等交流，促进孩子独立思考。

在心理学的培训课上，外教和学员之间曾经有这样的一段对话：

学员：我通过学习有了成长，我怎么来帮我的孩子？

老师：享受你的年纪，享受你的生活，照顾好你自己，你的孩子感觉到他不用再为你操心了，他就会去关注自己的成长了。

学员：我感觉到我的孩子不肯长大，我该怎么办？

老师：你自己先长大，你长大了，孩子会跟随着你的脚步长大。

一个好的父母首先要自己有所成长，当你自己成为一个自主性的人时，孩子才会变成自主性的人。

心理学认为，一个成年人应该具备自主性，而自主性包含以下三种能力：觉察的能力、自发的能力和亲密的能力。

1. 觉察

所谓觉察，就是指能像新生的婴儿一样，以看、听、感受、尝、闻5种方法单纯地感觉到感官的知觉，既不会加上主观的解释，也不过滤自己的经验以符合父母自我状态的看法，单纯地感觉身体的知觉和外界的刺激。

这种能力听上去很简单，却并不容易。出生之初，我们都具备这样的能力，但在长大的过程中，我们被“污染”得越来越多，反而失去了这种本真的、敏锐的感受力。

长大以后，多数人都已经习惯于压抑自己觉察的能力，没有发挥自己的能量，反而把精力都用在学习各种名词以及批评自己和别人的表现上。比如有人请你参加音乐会，音乐家表演的时候，你心里可能想：“这是流行音乐吗，明明都过时了。答应来听音乐会真是个错误，浪费了好几小时，早知道还不如在家赶稿子……”而拥有觉察的能力，就会关闭那些评价，单纯地体验音乐的声音，以及身体对音乐的反应。

2. 自发

所谓自发是指选择的能力，遇到外界的各种刺激，有各种不同的感受、想法、行为可供选择。就像能觉察的人对世界的体验一样，有自发能力的人会直接对环境有反应，不会漠视一部分现实，不会忽略系统中可供利用的资源。

有自发能力的人可以自由地从三种自我状态中做出反应，他可以用成人自我状态来思考、感受，并表现得像个成人；如果他愿意的话，也可以进入儿童自我状态中，把小时候的创造力、直觉及强烈的感受表现出来；也可以由父母自我状态做反应，重现小时候从父母或具有父母形象的人那儿学来的想法、感受和行为。不管运用哪一种自我状态，都可以配合现实环境的需要，自己表现出来，而不是顺从不合时宜的父母自我状态的命令。

3. 亲密

亲密是指能开放地分享彼此间的感受和需要，表现出来的是真正的情感，能对他人产生信任感，自然地走入亲密关系，而不是单向的依赖关系。当一个人在亲密关系里时，常常会进入自由型儿童自我状态，不过，会先经过成人自我状态的约定和父母自我状态的保护，以确定自己能安全地表现出自由型儿童自我状态。

咨询室 人际沟通常见问题

问题 1：请您谈谈“刀子嘴，豆腐心”。怎样面对每日一起生活的亲人是这样的人？我为此已困惑多年。怎样避免自己不做有“刀子嘴”的人？我发现自己生气时控制不住地会态度很差地说话。

答：首先我不相信有“刀子嘴”会有“豆腐心”。如果一个人对另一个人一直是“刀子嘴”，我觉得变“刀子心”的可能性比较大。如果每天一起生活的亲人是这样的，那么你是有权利表达你的不悦情绪的。你需要在对方每次“刀子嘴”之后，坚定而冷静地说出“你没有权利这样说我”。

至于你自己“刀子嘴”这件事情，首先是这样的家庭环境让你习得了这种方式，其次是过去你每次被伤害时，压抑的情绪没有表达出来。这样的情况，建议你接受专业的心理咨询，处理成长中的创伤，并逐渐改变这种方式。同时你要知道，这种改变需要过程，不要太过苛责自己。

问题2：我有和女孩聊天困难症（单独相处时）。我性格内向，不善言谈，家里给介绍一女孩。我们见过一次面，吃完饭后，到处逛了会儿，聊天很是无趣，女孩之后就冷淡了。感觉每次到这一环，后面的事就会不了了之了！我现在觉得特别自卑，感觉以后成家都是个未知数，我该怎么办？

答：和异性沟通是一种需要学习的能力。这个能力不是与生俱来的，你不需要觉得自卑。你说聊天很无趣，可能有以下几种原因。

（1）你们的兴趣主题不匹配，你聊的话题对方不喜欢。这个无可厚非，本来相亲也是要找跟自己兴趣相投的，不合适的不再联系也很正常。

（2）你不太了解女孩的心理，不知道这个年龄的女孩一般喜欢什么，所以不知道怎么找到对方感兴趣的点。如果是这样，建议你看一些婚恋心理的书或者上一些婚恋心理的课。

（3）你和异性在一起不放松，比较焦虑。如果是这样，建议接受专业的心理咨询。

问题3：丈夫生气就用语言暴力，该怎么和他沟通？

我丈夫生气的时候，总是在指责的同时用暴力的语言，如“你怎么不去死，活着有什么用？废物一个！”“你活着就是在浪费时间！”身边的人感受很糟糕，怎么去和他沟通？

答：你丈夫说这些指责的话时很明显处于控制型父母自我状态。如果你丈夫经常这样，很有可能是在他的成长经历中，他的父母或其他养育者对他经常使用这种指责性的语言。你首先要意识到，对这样一种根深蒂固的模式，改变并不容易。所以，重点不在于如何改变他，而在于你怎么应对。

首先，你需要觉察的是他这么说，你的感受如何？你感受到的是愤怒、生气、悲伤，还是什么？你是否因此会否定自己，你还能坚定地待在成人自我状态里吗？

你可以从两个方面尝试。

第一，调用自己的成人自我状态，把自己感受到的糟糕感觉非常直接、充分地告诉他，让他知道他的语言对你影响的严重性。只有你充分表达自己的感受，才能够让对方了解他的行为真真切切地影响了你的状态，他需要对自己的言行负责。你要反复而坚定地说“不”，告诉他你不是他能随便骂的，你是一个有感情的人，你是有体验的，让他知道你的感受。

第二，在他情绪比较平和的时候，你也可以尝试使用你的养育型父母状态，听他聊聊小时候的事，安抚他过去受到的创伤，并认同他当下的成绩，给他足够的正面安抚，用你良性的父母自我状态来替代他过去的父母形象。

问题 4：我在工作和生活中总下意识地指责别人，或者有的时候明明觉得没有指责别人，对方也会觉得被指责，这样是什么样的心理地位呢？“我好，你不好”吗？

答：从你的表述来看，是会偏向于“我好，你不好”。

一种情况是你知道你在下意识地指责别人，另一种情况是你明明没有指责对方，对方也会觉得被指责。我不知道这个对方是某一个“对方”还是很多的“对方”。

如果跟你合作的很多人都经常感受到被指责，这可能是你表达的方式和方法有一些问题。有的时候我们已经习惯了一种表达方式，但是我们自己并不觉知，所以录像或者录音能帮我们发现这一点。或者我们请对方说出来，自己的哪句话、什么表情、什么姿势，甚至哪个动作让对方感到被指责，这样也能帮我们更好地了解自己。

还有一种情况就是这个“对方”是某一个“对方”，而不是所有的人，只是某一个人总是觉得被指责。那也有另外一种可能性——他心中“我不好”的部分特别多，所以无论你用什么样的方式表达，他都会觉得你在指责他，他对这个过于敏感。这样两种情况，我建议你跟大家一起验证一下，这个验证的过程本身也有助于你修复并建立和谐的关系。

问题5：有的时候我对别人很好，照顾得很周到，结果到最后变成理所当然，我做不到时，对方反而有意见。我该怎样去处理这种关系，我觉得我不太会把握交朋友的尺度。

答：比如说，我们有的人在宿舍里或者到了办公室之后打水，有一天忽然不打水了，别人反而会觉得很奇怪：你怎么不打水了？似乎打水变成了你理所当然要做的事情。其实当他们对你不打水提出质疑时，反而是一个很好的机会，去告诉对方“我可以做，我也可以不做”！以前我觉得我做没有问题，现在我不想做了也没有问题。

这是一个跟别人划清界限的好机会，同时我们也要去觉察，当我们把事情做得那么周到的时候，是发自内心享受这个过程，还是担心如果自己不这样做会被否定。如果是前者，那就没关系，每个人的风格都不一样，自己愿意在关系中多做一些就多做一些。如果是后者，你可以逐渐告诉自己，我们不可能让所有人满意，不如就把自己放开一点，不要对自己要求那么高。

问题6：在人际交往中，是做很亲密的朋友还是泛泛之交？

我是一个特别敏感的人，看起来我很好说话、很乐观，对谁都很随和，别人说什么都不会拒绝，可从小到大我很少有朋友。别人都是三个一群、两个一伙的，我总是觉得自己被排斥在外，没有人愿意跟我分享心事。我总是为了表达我的善意而什么都告诉别人，到头来总是被那些我倾诉过的人伤害。现在，我慢慢学着少说甚至不说，可是我却不知道该怎么跟别人相处了。泛泛之交我做得特别好，但是无法深入交往，这也影响了我的恋爱。谈恋爱的时候一开始还好，稍微一深入接触马上就不行了，我的自我保护模式就会建立起来，很难再信任别人。我该如何调整自己？

答：在你的问题中有两个词是比较核心的：敏感和随和。在别人看来，你是随和的人，但实际上，真正的你是一个敏感的人。也就是说，在人际交往中，别人说的事情已经让你不舒服的时候，你也很少表达。你可能装作很随意就让它过去了，别人也会认为你没问题，可以这样跟你玩笑，但实际上你心里已经开始不舒服了。

所以在人际沟通中，你并不放松，因为你不能特别真实地表达自己，这样也会让对方感觉不舒服，因为对方不知道到底什么时候的表现才是真正的你，他人也是有感觉的。之所以会出现这样的情况，可能与你过去的经历有关，你的家庭可能不允许你表达自己的情绪和想法。

你说你泛泛之交做得特别好，但是没有办法进行深入的交往。亲密关系其实是有风险的，当我们跟一个人从陌生到熟悉之后，我们就在评估要不要跟他走得再近一些、再亲密一些，其实每个人都是试探着往前走的。

如果你在这个方面的成功经验比较多，你从小到大哪个阶段都有很亲密的朋友，你就会有信心，也会包容。即使遇到一些情况，你也知道怎么去处理。但是如果你从小到大这样的经验不多，每个阶段都没有那么亲密的朋友，可能跟谁都是泛泛之交，你就不太敢走入亲密关系，怕有误会、有冲突。亲密关系会有一定的风险，需要每个人的勇气和真诚。

你小时候的负面经验会给你带来一个禁止信息，你会禁止自己走入亲密关系，因为亲密关系可能会给你带来伤害，你被那些倾听过你的人伤害过。

如果你对自己更宽容一些，允许自己像一个任性的孩子一样想要什么就要什么，允许自己在某些安全的场合表达自己的真实情绪，你就会慢慢地改变这些现状。

问题7：内向的人如何与别人和平相处？

我是个内向的人，不是能言善辩的人，不会主动和别人打交道。就算是被迫跟人打交道，在与人交往的过程中也没有亲密感，做事情也没有满足感。这种状态已经很久了，在与人交往时，我感觉不到乐趣，总觉得自己不会说，别人总欺负我，所以我对他人有攻击性，总是在反驳，有时候态度也不是很好。我如何能与别人平和相处？

答：一个人的幸福感来源于三个方面：第一个是我们如何看待自己，对自己是否满意；第二个是我们跟他人的相处是否愉快；第三个是我们自己在做事情的过程中，是否能找到价值感和快乐。

首先看第一个，你说自己是个内向的人，不是个能言善辩的人，这个是没有问题的。沟通中有外向的人就有内向的人，内向的人也有自己的优点，我们无法把自己变成一个能言善辩的人，也没有必要去做这种完全反向的改变，接受自己的个性是第一步。

然后说第二个，你和他人的相处是否愉快？你觉得别人总在欺负你，你也会攻击别人。这个过程中我们需要去探讨这个欺负是真实存在的还是你猜测出来的，或者说你习惯化地认为别人在欺负你。如果可能，你需要和咨询师一起通过具体的例子来识别这个过程。即使对方有欺负你的意思，在沟通中，也有5种自我状态可以选择（见本书第2章）。

你说在和别人的相处中感觉不到亲密感，这个“别人”指的是一般的朋友，还是也包括你的家人？如果你和家人或者跟你特别好的朋友都感受不到亲密感，这个确实是一个在咨询中需要专业处理的问题。有些人从小得到了“不准亲密”的禁止信息，所以感受不到别人对自己的好，倾向于感受别人对自己的不好。

最后一点，你说自己在做事情的过程中得不到满足，我在想你在做事情的过程中是不是缺乏对自己的肯定。我们要在做事情的过程中肯定自己的能力，去享受做事情的过程。

第五章

压力与时间管理

第一节　让时间结构化

如果你不安排自己的时间，那别人就会来安排你的时间。

这样的对话你熟悉吗？

“你明天有时间吗？”

“有！”

“那太好了，你来帮我搬家吧！”

“明天约在什么时间？”

“我现在还定不了，你等我电话吧。”

于是，你的一天就被别人预订了。这就是上面的那句话：如果你不安排自己的时间，会有人来安排你的时间。

一、浪费时间的方式

我们先来看看，以下浪费时间的方式你熟悉吗？

1. 购物

即使屋子里堆满了东西，我们还是要不断地买东西（当然，女性在这方面明显一些）。现代网络的发达，让购物更加容易，但我们花在上面的时间反而更多了。人们花越来越多的时间浏览购物网站，比较商品质量和促销力度。我们只关注到了买东西会花很多钱，但忽视了买东西还会花时间。

东西买回来后，我们还要好好安置它们，要分类、要保存、要护理。当然，更多的时候，你还要再买一件东西来配它。这并不是最严重的，最严重的是，你买了一件让自己后悔的东西，又舍不得扔，每次看到它的时候你就会自责：为什么我又没控制住自己？所以，你又花了很多时间来自责。

2. 不知道如何打断别人

客气有时会使你损失时间。我们常听到有人打电话打一两个小时，喋喋不休，高谈阔论。你宁愿委屈自己，也要顾全面子，不表现自己的不舒服。其实，直接告诉对方自己有多长时间可以接电话对双方都好。

3. 不懂拒绝

我们很多人都把时间浪费在了自己从一开始就不该应承的事情上。遇到不好拒绝的事情，我们至少可以给自己争取一个缓冲的时间：我查下时间安排再回复你。如果第一时间就答应对方，可能是受到以下驱力的影响："要讨好""要坚强""要快一点"或者"要努力试"，也有可能想又快又完美地做到"讨好、坚强、努力"。

4. 沉迷网络

电视已经慢慢淡出我们的生活，但网络铺天盖地而来。多年前，我们定义孩子网络成瘾的标准之一是"连续3个月每天上网6小时"，如今有了手机和各种网络游戏等，应该有很多成年人达到了“网瘾”的标准。

5. 熬夜

很多时候，我们对自己的身体不够敬畏，我们坚信“我的身体没事”。但任何人都需要有规律的生活，熬夜只会打乱我们的生物钟。当你不让身体得到充分的休息时，就不可能保持清醒的头脑，效率只会越来越低。

6. 不合时宜的沟通

有时候你很想向别人表达自己的想法，但对方不在状态。要知道，沟通是双向的，对方没准备好就是不合时宜的。自己想说的时候就一定要说，是一种任性的行为。选择合适的沟通时机进行沟通，可以节省时间。

7. 状态最好时做不重要的事

每个人都有自己一天中的状态最佳时间，有的人是在上午，有的人是在晚上。但是，有些人会在状态最好的时间里干一些无关紧要的事情，如浏览网页、闲聊等。在最有效率的时间里干不重要的事情，其实就是在浪费时间。

8. 焦虑

焦虑是这个时代的通病，是“对未来的担忧”，我们花大量的时间来担忧没有发生的事情。杞人忧天的道理我们都懂，可你经常花大量的时间来论证自己的担忧有道理，诸如孩子的升学问题、报志愿问题、买不买房子、卖不卖房子、出不出国、老了怎么办等，但最终你的焦虑并没有帮你解决问题。

如果不浪费时间，我们怎样掌握自己的时间呢？人活着需要寻找生存的意义，每个人都愿意花费时间做自己认为重要的事情，所以我们可以将时间结构化。把人一生要做的事分为两类：一类是独立完成的事情，另一类是建立和维护关系。有的人侧重做事，有的人侧重维护关系，风格不同的人，运用时间的方式也不同。

二、时间的 6 种结构

人与人相处和建立关系的时候，度过时间的方式分为 6 种，分别是退缩（withdrawal）、仪式（rituals）、闲谈（pastime，也译为“消遣”）、活动（activities）、心理游戏（games）和亲密（intimacy），称为时间的 6 种结构。这 6 种方式都可以满足人对时间结构的需求。

当人没有建立时间结构时，首先要做的就是找出运用时间的方式。鲁滨逊飘流到荒岛时，就以探险和布置居所来打发时间。

右图为某人的时间结构图。

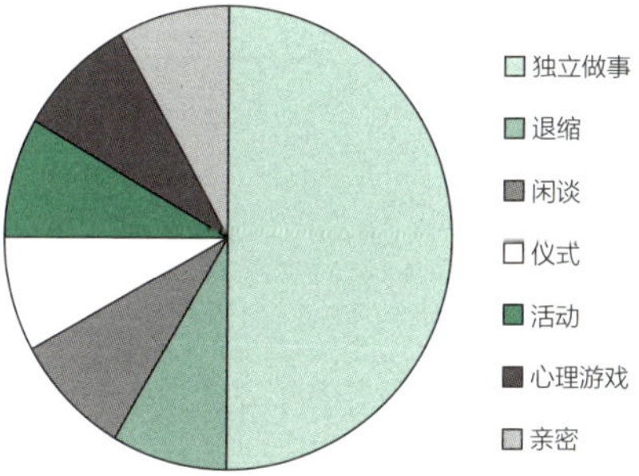

某人的时间结构图

这是一种特殊的时间结构比例，一个人拿一半的时间专注于自己的任务，拿另一半时间建立和维护关系。其中，又会用不同的方式在关系中互动。每个人都可以根据自己的情况画出自己的时间结构图。

1. 退缩

当一个人处在退缩的情形时，他和别人是在一起的，他的身体处在系统中，却没有和其他成员发生交流。他可能在想自己的事：一会儿我约了谁吃饭，要去哪个馆子呢？他可能想起了昨天的事：我怎么又和老婆吵架了呢？他可能做着白日梦：有了500万元我怎么花呢？单位开会的时候，很多人是在退缩状态下的。被大人过度关注的孩子有时候也会处于退缩状态，对大人的话充耳不闻。

当一个人在人际交往中处于退缩的状态时，别人根本看不出来他在想什么。这种方式也有好处，由于他没有参与沟通，心理上就避免了被拒绝的危险，也拒绝了沟通中可能的冲突。同时，他也可以有时间关注自己。

但如果我们在人际交往的情境中总是退缩，也可能是另外一种原因，如觉得自己不够重要，或是想着自己不属于这个团体，所以就处于游离状态。也就是说，可能你并不享受在关系中的时间。如果你想改变，就要去思考一下自己从小到大在人际互动中的感觉，尤其是在亲密关系中是否得到了足够的关注和重视。如果自己接受这种状况，那也没问题。

2. 仪式

维基百科对仪式的解释：对具有宗教或传统象征意义的活动的总称。

一般来说，仪式有以下几个作用。

~ 转化。帮我们准备好走入另一种时间、空间和角色，如结婚仪式。

~ 确认和确立权力关系，如就职典礼。

~ 帮助人们按照社会规范表达情绪、抒发感情，如丧礼。

还有一些永恒或暂时的中间状态，如情人节、端午节，让我们暂时离开常规的生活，进入一种想象的空间，去演绎或暂时享受一些想象中的角色和故事。

从沟通分析心理学的角度来看，这是人们在一起度过时间的一种方式，是一种单纯而固定的互补沟通。在这个过程中，每个人对自己的角色是清楚的，对自己该做些什么、对方会做些什么、自己会得到哪些安抚都是了解的。

仪式有时会和活动与亲密结合在一起。好的关系带来的仪式，能让我们体会到亲密感和自己的重要性。有很多家庭除了重视传统的仪式，还自己发明很多节日，如夫妻之间相识的日子、孩子的成人礼等，很多人把这些小而温馨的仪式称为生活中的“小确幸”（网络语，小小的、确定的幸福）。

每个人在成长的过程中，都会学会符合文化背景的适当仪式。在中国南方沿海城市里，祭祖是大事，而北方已经基本没有这种风俗。对于有的家庭来说，生日是大事，要隆重地庆祝，而有的家庭从来不过生日。需要注意的是，你对仪式的态度或者家人之间对仪式的差异是否给彼此带来了压力。

3. 闲谈

闲谈是指人们在一起谈一些无害的话题来打发时间。闲谈的内容不像仪式那么僵化，闲谈的人有自己的空间来谈自己想谈的话题。

闲谈的一个特点是常常谈过去的事，可能讨论昨天在某个地方发生的事，而不是谈此时此地的事情。另一个特点是谈别人的事，而不涉及沟通的双方，比如“嗯，你听说了吗？某某怎么样了”，俗称“八卦”。

闲谈还会谈和自己有些关系但又不直接影响自己的安全话题，如政局、天气、足球等，英国人最有名的闲谈话题就是天气。

闲谈主要是为了提供正面的安抚，也是建立关系必要的一个步骤。在社交时，闲谈还有另一种功用，就是让大家有机会看看，适合跟谁发展进一步的关系。

4. 活动

活动常指人们在一起时想做的、要做的或必须做的事情。

在活动中，大家会把精力用在某个实质的目标上。活动成员有明确的目标要完成，而不只是坐着讨论，这是活动和闲谈的区别。同时，活动大多是为了完成某些此时此地的目的。

在工作场合，大部分时间都用在活动上。在生活中，有的家庭在一起会有很多的活动，如一起做饭、购物、出门旅游、锻炼身体或者开家庭演唱会等。

从活动中所得到的安抚，包括正面有条件安抚和负面有条件安抚。安抚通常不是马上可以得到的，要等活动结束时看做得好不好。有时，因为兴趣和个性的差异，系统中的每个成员在活动中得到的安抚都不相同。有人喜欢、有人不喜欢是常有的情况，要兼顾是需要技巧的，可见本章第二节“咨询室”中的问题 2。

5. 心理游戏

如第四章第二节所介绍，心理游戏是人际沟通中很常见但非常有害的一种模式，我们常常深陷其中而不自知。心理游戏开始于两个人相处时一连串隐匿的交流与沟通，就是说的话表面一个意思，背后还有另一个意思。先看下面的案例。

国庆节长假到了，生活在北京的萌萌夫妻俩商量回家的事。他们的老家在相邻的两个城市。

丈夫：先回我们家吧，我回去还要参加同学聚会。

萌萌：那我家呢？（默默地想：我们只能回去三天，先回你家，还有空回我家吗？）

丈夫：回来的路上可以回去啊！

萌萌：只有三天，第一天到家，第二天你聚会，第三天就该回来了，怎么回我家？

丈夫：聚会完可以回去啊。

萌萌：谁知道你们聚到几点，你到时候经不住劝，喝酒了怎么办？

丈夫：你怎么知道我喝酒？

萌萌：你哪次不喝。反正就是你的事最重要，你家也最重要，每次都是先回你家！

丈夫：你怎么胡搅蛮缠？“五一”不是先回的你家吗？

萌萌：你说谁胡搅蛮缠（开始哭），干脆谁家也不回了。

丈夫：不回就不回。

夫妻就回家这事有一连串的交流，整个过程结束后，两个人的感受都很不好。

在他们出现很不舒服的感受前，两人看起来是在就事论事，但妻子先成了迫害者，在指责丈夫。丈夫解释不成也化身迫害者，妻子又成了受害者。最终，两人不欢而散。对双方而言，在转换角色之后，都有一种感觉，好像发生了什么出乎意料的事。如果他们把这种感觉用言语表达出来的话，可能会说：“为什么又是这样呢，这样的事为什么总是发生在我身上？”

在后来的咨询中，作为妻子的萌萌反馈说，这样的事发生过几次之后，她也觉得不对劲。后来她发现，因为自己是女孩儿，在家里不如弟弟重要，所以她对于在关系中自己是否重要非常敏感。所以，当丈夫说先回他家时，她心里的另一个声音是“看吧，让我抓到了，我在你心里就是不重要，你跟我父母一样”。

所以，接下来，她带着这个预设去指责丈夫，而丈夫很委屈，觉得妻子的指责毫无道理，但又没办法解释清楚。后来，她向丈夫表达了这种感觉，也表达了自己很想回家的愿望，没想到丈夫说“可以先回你家啊，同学聚会我一次不去也没关系”。她认识到，在丈夫这里，她是重要的，只要她表达出自己真实的需求和感受，是会得到重视的。

沟通中，每一个人都有自己爱玩的心理游戏，但很多时候我们不是故意发起游戏的，常常是在无意识中进入游戏，一次次体会负面而又熟悉的感觉，每一个心理游戏都是在重演已不符合当下成人处境的童年模式。如何跳出心理游戏，可参见本书第4章。

6. 亲密

时间结构里的亲密有不同的含义，它并不限定于恋人和家人之间，是指我们可以在自己关注的人面前表现真实的自我，表达真实的思维、情绪和行为。也许我们表现出来的并不是对方期望的，但我们并不因此担心对方离开或不喜欢我们，即无论我们如何表现，都能体会到对方对我们的接纳、尊重和爱。

当两个人处于亲密状态的时候，每个人都可以放心表达自己的真实感受，这个过程不存在隐藏沟通和交错沟通，沟通的双方都清楚自己在做什么。亲密行为不只存在于恋人、夫妻间，还存在于父母与孩子、互相信任的朋友和上下级之间。它会让你在短暂的交往中感受到温存、信任和温暖的情感，是一种真正的人与人之间的关怀。

亲密可能发生在以下场景。

~ 家里的小狗死了，儿子很伤心，把小狗埋葬后，满脸泪水。妈妈走过来，把孩子搂在怀里说："埋葬一个朋友不是一件容易的事。"孩子在妈妈的怀里，宣泄着心中的悲伤——在这一刻，他们是亲密的。

~ 三口之家，一岁多的宝宝开始说话了，有一天突然说出"我就不"，逗得父母哈哈大笑，夫妻相视而笑——这一刻，他们是亲密的。

~ 你的朋友失恋了，很伤心，给你打电话。电话中，她尽情地哭泣，你静静地倾听，直到她安静下来——这一刻，你们是亲密的。

~ 朋友间有了误会，但彼此并没有回避和掩饰，而是真实表达。例如，甲说"你昨天的行为让我觉得在你眼里我没有解决这件事的能力"，乙说"不是的，我不确定你是否愿意和那些客户打交道"——这时的朋友是亲密的。

要实现亲密并不容易，因为亲密包含冒险的成分，人们需要在亲密中透露自己的弱点，表达自己真实的感觉，而有些人会担心因此被否定。

要判断你和哪些人之间的关系是亲密的，可以看看如下的问题。

~ 当你发现对方有些事做得不合适时，你是否能表达出来，并确信这种表达会被对方理解而不会影响彼此的关系？

~ 你从第三方听到了对方的一些负面信息，你是否相信他有自己的一些原因？

~ 你们之间发生了一些冲突，你是否愿意主动面对，并和对方沟通，澄清误会？

~ 你有事需要对方帮忙，他表示帮不了你，你是否能理解他有自己的难处，并一如既往对他保持信任？

~ 你们之间是否能持之以恒地尊重自己和对方的情感和需要？有时能够主动认同并且表达自己的情感，并确信对方有能力理解并陪伴你的情感，而不用担心对方的承受能力。

~ 你们是否能在对方情绪低落时觉察到，并接纳对方，不会受到对方情绪的干扰，也不害怕被对方所依赖？

~ 是否能接纳他人呈现给你的全部？或者，只能有条件地感受和接纳他情感的一部分，而暗中或者公开地拒绝他情感的另一部分？

~ 面对彼此，你们是否可以自在地做自己想做的事而不担心被评价、被否定？

审视你和你在意的人之间的这8种状态，如果你们能回答“是”的答案有6个以上，表示你们已经很亲密了。你会发现，很多时候，做到亲密并不容易，因为亲密是有风险的。同时，亲密也需要我们投入很多的时间和情感，所以一生之中，我们只能和有限的人形成亲密的关系——伴侣、知己和部分家人。

练习　画出你自己的时间结构表

先画一个圆圈，首先按独立完成事情与建立和维护关系分成两个部分，看看你是侧重于做事，还是侧重于关系，检视你对自己的时间结构是否满意？

然后再把建立和维护关系这部分分为6份，每一份的大小表示每一种不同的结构所占的时间长短。

思考一下，在与人相处的过程中，你运用时间的方式有什么特点，哪种方式占用你的时间最多，哪种方式是被你忽视的。

检视你是否想要改变自己的时间结构。若想改变的话，画出你希望的时间结构图，然后写下至少5种方法，在未来一周里付诸行动，然后再重新画时间结构图。

第二节 2个有趣的概念

一、时钟时间和目标时间

由时钟和日历决定的时间称为时钟时间。比如，有的人一定要晚上6:30吃晚饭，因为7:00要看新闻联播。

目标时间是以达成目标的时间为准，即完成任务就可以，不论花费多少时间。比如，饿了就去吃饭，不用管几点。

时钟时间与目标时间解释了为什么有些人以时间为导向，而有些人以目标为导向。在工作与生活中，我们多是两种方式结合。在伴侣关系中，如果两个人的导向不同，就可能带来冲突与压力。过分关注时钟时间的人会缺乏弹性，忽略当下的情境或身边人的需求。可以思考一下，你运用哪种时间多一些，然后适当做出调整。

二、前事后置与后事前置

前事后置是指过去发生的事在相当长的一段时间里干扰人们正常的生活模式。它们既没有被接纳消化，也没有通过沟通等方式解决。

例如，假设你是一名会计，为了年终结算连续加班，可账目数字仍然有问题。回家后，你躺着无法入睡，仍然担心。由于睡不好，第二天起床时，你很没有精神，和家人说话也心不在焉。

后事前置是指为即将发生的事而焦虑，影响你当下的行为。有这种特点的人在得知即将进入令自己害怕的情境后，提前几天就会受到干扰。

试想一下下面的情形：两个月后，你有一项重大的国际考试。你可能会发现，当你和朋友看场电影时，你会想起考试还没准备好。每天晚上入睡前，你也可能为此事焦虑。凡此种种，为了两个月之后的考试，你的每一天都和原来不同了。

前事后置或后事前置单独存在的时候，大部分不会造成严重后果。但如果发生重叠，则可能会给人带来困扰。

针对这种情况，很多哲学家推崇“一日一日生活”，意思是要过一种有条理的生活。这样，一天结束时无须后事前置，因为明天的计划已经做好；一天开始时也无须前事后置，因为昨天过得井井有条。

咨询室　时间管理常见问题

问题 1：我先生总是忘记我的生日或者结婚纪念日，让我有一种被忽略的感觉，如果每次都是我提醒他他才有所表示，就太无聊了。又快到我的生日了，我在纠结是提醒他还是顺其自然，顺其自然可能又是一次失落，我该怎么办？

答：这是一个时间结构中关于仪式的困惑。女士们很喜欢生活中的仪式，甚至有的女士说自己差不多生日一个月前就开始纠结，到底要不要提醒伴侣。甚至有的人会纠结到生日当天的夜里12点，坚持不告诉对方，等12点一过，发现对方还没有表示的时候，就有理由发脾气了。

我们希望在重要的日子里有惊喜，这是没有问题的，但是重要的是我们要看一下伴侣到底有什么特点。比如，看他有没有过生日的习惯，或者他的原生家庭有没有过生日的习惯？在不同的家庭里，仪式的风格是不一样的。有的家庭可能从来不过生日，所以他没有养成过生日的习惯，会容易忘记。

针对这个问题，首先可以跟伴侣谈，告诉他你很在意这件事情，我觉得大部分人的伴侣会想办法满足需求。可以提前一个月告诉他，这个日子对你来说非常重要，督促他去养成习惯，提供给你想要的安抚和惊喜。

同时，我们也可以自己去安排和创造惊喜，而不一定要被动地等待对方。尤其对在一起很多年的夫妻来说，不要用是否有仪式来评估对方是否爱你。我们可以自己想庆祝的方式，惊喜也可以由我们自己来创造。

当然，有一个很重要的提醒，不要把这个作为冲突或者吵架的一个固定理由。例如刚刚说的，非要等到夜里12点后来指责对方。这是一个负面联想，只能破坏关系，不能增进关系。

问题2：外向的妈妈和内向的爸爸如何对出去玩达成一致？

我是个外向的妈妈，但我先生很内向。我喜欢组织好几家一块玩儿，但每次活动时，先生的表现都令我不快。他不会张罗，也和其他人聊不到一块儿。如果不带他，就剩我跟孩子参加，我又觉得别扭。请问我该改变他，还是不再带他一起玩？

答：家庭活动要照顾每个人的需求。外向的妈妈愿意组织很多家庭在一起玩可以，但同时一定要注意到，你的先生是家庭中的重要成员，是孩子的父亲，他有他的权威感，有他的重要性。所以，一定要有一部分活动是照顾到先生的需求和爱好的。他愿意一家人一起玩，那么外向的妈妈有时候也要适当地约束一下自己，享受只有自己一家三口的互动过程。

我在咨询中遇到过一些这样的家庭，妈妈非常外向，但她的老公和儿子都相对内向。这位妈妈一定要带着父子俩参加人多的活动，她老公和儿子就觉得非常难受。如果一味按照自己的需求去安排，就有点任性了。如果没有孩子的时候任性一点，照顾自己的需求，可以理解。但是有孩子之后，父母如果太任性的话，会对孩子造成影响。父母之间一定要能够关照彼此的需求。

第六章

压力与情绪

第一节 认识情绪

一、情绪与身体

一定有很多人跟你讲过，应对压力时要控制好自己的情绪。很多人说：道理我懂，可是我做不到啊！一到压力大的时候，情绪就像炸药，非爆不可。但对于情绪，我们平时受到的教育是“喜怒不形于色，做事要冷静、成熟”“大丈夫有泪不轻弹”等，这些在暗示我们，人的情绪是不能随便在他人面前表露的。

于是，长久以来，我们积累了大量不自知的情绪，一旦遇上导火索，必然引爆。所以，很多人不能应对压力，其实和情绪有关。我们不会觉察自己情绪，识别他人情绪，也不会用恰当的方法表达情绪。并且，作为人类，我们自恋地认为，我们的理智胜过了情绪。但是很不幸，这是我们的幻想。

人的大脑主要分为三部分：第一部分是大脑皮层；第二部分是边缘系统；第三部分是原始脑的部分。三个部分的功能不同，大脑皮层是思维中枢，主要负责理性思考，是我们人类引以为豪的部分。正是因为这一点，人类普遍对自己的理性能力更加自恋，因此会忽略情绪和感受层面的内容和表达方式。

但我们需要知道，大脑皮层作为生物的思维中枢是 200 万年前形成的。很多人一听到 200 万年前，就会觉得人类的理性部分发展了200万年，已经很完善了。其实不然，我们先看一下边缘系统是什么时间出现的。

边缘系统作为大脑的情绪中枢，其功能和生理机制产生于5000万年前。大家可以想象一下，200万年和5000万年的区别。那么，思维中枢和情绪中枢哪个更强大？整个生物界在有了情绪中枢以后，又进化了4800万年，等情绪中枢比较完善之后，才发展思维中枢，所以说，思维中枢仅有200万年的历史。这是我们强调大家要去关注情绪部分的一个原因，它在人类发展过程中的作用和时间比思维中枢要更久远。

大脑还有很重要的一部分——脑干，也就是原始脑的部分，在脊髓和大脑相连的地方，这是人类的生命中枢，决定呼吸、心跳和生命的一些本能反应。它形成于什么时间呢？一亿年前。对整个生物界来说，生存永远是第一位的，所以，我们的生命中枢发展的时间就更久远。因此，人在遇到生死攸关的事情时，是原始脑的反应第一，情绪第二，理智第三。很多时候，我们告诉别人说，在危机条件下要冷静，但很多人都做不到，因为我们的第一本能反应是“我要活下去”，会去想是战斗还是逃跑。接下来是情绪启动，我们会感觉害怕、紧张、焦虑，然后才是大脑快速思维的过程。当然，很多人经过特殊的训练，在很危机情况下也可以用大脑皮层来进行快速缜密的理性思考，但一般人并不具备这样的能力。

我们经常听到很多孩子跟家长反映说他不喜欢某某老师，所以他也不会好好听这个老师的课，他这门课的成绩就不好。很多家长就会苦口婆心地给孩子做工作，说不喜欢的老师讲课也要听，最后发现效果并不好。

为什么会这样呢？对于孩子不喜欢的这个部分，情绪中枢起了作用，它抑制这部分的信息往大脑层面去传达、去理解、去吸收。对孩子来说，他喜欢的人说的话，才会在他大脑里形成记忆，并且逐渐强化这个记忆。这也是心理咨询师在正式起作用前，都会让咨询者有一个好的情绪体验的原因。只有有了好的情绪，思维中枢才开始起作用，才能去消化、吸收所讲的内容，因为情绪反应先于理智反应是非常正常的。所以，我们首先要允许和接纳自己的情绪和别人的情绪。

当我们情绪中枢活动得非常强烈时，就是当一个人很兴奋、很愤怒、很快乐的时候，给他讲很多道理是没有用的，他也记不住。所以，人类在有特别大的压力或遇到特别大的应急事件时，理性思维的功能是受损的，但是大脑形成情绪记忆的能力是增强的。因此，我们对于重大刺激事件或者是创伤性的记忆是偏向情绪性的记忆和反应。

情绪与生理需求、社会需求、精神需求相关。生理需求指我们吃饱、穿暖、睡好、肢体灵活、性的需求等；社会需求指我们的财富、人际关系、工作成就等；精神需求指我们的兴趣爱好被接纳和理解等。需求被满足，人就会感到舒服愉悦；不被满足，人就会有消极情绪，这是正常的反应。

生活中，你一定听说过这样的说法：晚上睡不好，白天我脾气就很暴躁；我一饿了，就想发脾气；在医院天天躺着，我都烦死了；领导天天看我不顺眼，这工作干着真没劲；我喜欢的东西你都不喜欢，还能不能愉快地聊天？当人的生理需求未被满足时，有情绪很正常，不要忽略每个人的生理需求，人类还没有进化到那个程度。

另外，每种需求对每个人的意义是不一样的，来看下面的例子。

晓云在一家私企工作，年终考评，她的领导在评价中写了一条：能力没有问题，业绩也有目共睹，但是不太能吃苦。晓云看了这条评价之后，情绪反应非常大。她十分愤怒，然后就给单位的总经理打电话，问这个评价的依据是什么。

她自己后来说，自己长到30多岁，能吃苦是她最大的特点，所有的人对她的评价就是她很能吃苦，她也以此为豪。而且她在公司工作也确实非常投入，经常一出差就20多天，所以当她看到不能吃苦的评价之后，情绪反应非常大。

吃苦和她的三个需要（生理需求、社会需求、精神需求）都相关。首先，她从身体上付出了很多的努力；其次，在社会需求上她需要被认同；最后，在精神需求层面上，她吃苦的特质需要被人理解和欣赏。

吃苦这件事对晓云来说，可能意味着更多的东西，是她生存的一个核心特质。因为能吃苦，她才能活得更好。只有能吃苦，她才能活得幸福。所以，当有人否定她能吃苦的时候，就意味着对她的否定。

从上例中可以看出，对每个人来说，涉及核心利益和生死攸关的东西是不一样的。比如有的人说，我就不能听别人说我失控，一说这个我就会非常生气，那么心理咨询师可能会问：控制对你来说意味着什么，失控对你来说意味着什么？一步步挖下去，最终会发现，原来控制可能对他来说生死攸关，是他生命里最重要的东西。即使在旁人看来没那么重要，但是对当事人来说，可能非常重要。所以，这样的事情就会成为某些人的情绪按钮，不能碰，一碰就会爆发。

二、情绪年龄

我们经常说每个人都有自己的心理年龄，其实说情绪年龄更准确一点。我们观察一个人的心理状态，其实就是在看他的情绪，每个人了解自己的情绪年龄非常重要。

按照年龄大小，大致可以把情绪年龄分为以下几个阶段。

1. 0~1 岁

孩子的情绪表现很简单：哭和笑。吃饱了、喝足了、舒服了，他就特别容易乐。一旦不舒服，他就开始哭，很简单也很容易识别。

2. 1~7 岁

随着孩子慢慢长大，你就会发现他有越来越多的情绪表现了，不只哭和笑了。他增加了各种行为，如说话、发脾气等。例如，在超市，孩子非要买一件东西，但父母不同意时，有的孩子就会在地上打滚、扔东西、摔东西等。

1~7 岁的孩子有更多强度更大的、更丰富的行为表现方式来表达情绪。

3. 7~12 岁

孩子到了小学阶段，在慢慢地学习给自己的情绪命名。他会很清晰地表达自己今天高兴是了为什么，不高兴是为了什么，比如说“我今天很气愤”“我今天很烦躁”等。

4. 12~18 岁

有一句话可以很形象地描述处于青春期的孩子的情绪：孩子的脸就像 6 月天，说变就变，说打雷就打雷，说下雨就下雨，但可能又会瞬间阳光灿烂。这个阶段一般是初中、高中阶段，也是孩子成长的关键期。在这个阶段，提高情绪表达和管理能力很重要。

5. 18~30 岁

一般来说，18~30 岁这个阶段会有一个很重要的变化，就是人要成家立业、走上社会，要处理家庭的问题，会处在比较复杂的人际关系当中。这个阶段，人要应付的事情也会比较多，对情绪管理能力的要求就会提高。

如果在你十几岁的时候把情绪管理的能力培养得很好，那么你这个阶段就会比较顺利，至少情绪会比较稳定。

但是，有些人进入这个阶段后，会经常情绪失控。如果前期的情绪管理能力没有培养好，到中年压力比较大的阶段就会集中爆发。

6. 30~60 岁

这个阶段，人的情绪管理能力会逐渐成熟，能够包容或者帮其他人去处理情绪。当然，这是一个漫长的成长过程。从30 岁到 60 岁的过程中，我们要经常觉察、练习、提高，这样才有可能在 60 岁之后有一个比较高的情绪智慧，达到随心所欲不逾矩的状态。

讲情绪年龄时，可以自我反思一下，自己是不是有的时候会退行？会退行到 0~1 岁、1~7 岁？

比如，一个女孩儿的男友提出要分手，但是她不愿意，她的表现就是用头撞墙。她的父母看到她用头撞墙，就去找她男友，做那个男孩儿的工作，让他回来继续跟她交往，哪怕先维持一段时间，等她情绪好了再结束。女孩儿每次都会用这样的方法，要不就躺在地上不起来，要不就用头撞墙。她的情绪表达方式就是

1~7 岁这个阶段的表达方式。所以，我们每个人都要审视一下自己，看看自己的情绪年龄处于哪个阶段，有没有退行的行为。

三、情绪的性别差异

很多人的压力恰恰来源于性别之间情绪表达方式的不一样。比如，女性表达的情绪不被男性所理解，或者不能被男性所认同。性别之间关于情绪的差异在很多时候是我们产生压力或冲突不断增加的一个原因。

国内外的一些研究学者对情绪和性别的关系做了很多研究，大致有以下几个观点。

~ 女性比男性更容易情绪化，更容易表达情绪。

~ 女性和男性情绪体验的总体频率相同。

~ 女性的情绪表达能力和强度都强于男性。所谓情绪表达强度，是指女性遇到某个事情的焦虑程度、痛苦程度等，很多时候都是超过男性的。

~ 女性比男性更容易受情绪感染。女性看电影时，跟着电影里的人物哭的概率是高的。很多男性在看到女性这样时，都很不理解，说“里面都是假的，和你有什么关系”。女性情绪的一个重要特点，就是她们的情绪很容易受他人的传染和影响。

~ 女性和男性的情绪种类有差异。女性和男性愿意呈现的或是擅长呈现的情绪是不一样的，女性更愿意去呈现幸福、惊讶、悲伤、恐惧、内疚等情绪，男性会更多地呈现愤怒、轻蔑和骄傲等。

~ 在情绪表达方式上，女性比男性更愿意或更容易用语言来表达自己的情绪。向谁表达呢？有意思的研究结果是，无论是男性还是女性，都愿意向女性来表达。

~ 男性调节情绪更容易用一些外在化的方式，指向他人，不指向自己，所以他们更容易责怪他人。女性大部分会用内在化的方式来调节，会自责，所以女性更擅长自我反省。

对男性来说，他很难与情绪待在一起，大部分时间会离开某个情绪。

男性离开情绪的方法大致分为以下三种。

~ 有了情绪之后，沉默不语，看上去很平静。

~ 分散注意力，去干别的事情，比如去抽烟。有一次，我们对男性抽烟的问题进行了访谈，问男性什么时候想抽烟。男士们说高兴的时候想抽烟，不高兴的时候想抽烟，焦虑的时候想抽烟，有成就的时候也想抽烟。很多情绪出来的时候都想抽烟，其实就是分散注意力的方式。

~ 解决问题。事情发生了，导致男性有些紧张，但怎样做才能不紧张呢？就是做事情、解决问题。

在婚姻关系的沟通中，你会发现，如果妻子向丈夫表达自己在工作中的困难，妻子很多时候是带着情绪来表达的。男性处理妻子情绪的方法是告诉你应该怎样解决问题，让妻子不要发脾气。可妻子往往不需要解决问题，需要处理情绪，需要丈夫理解和安抚自己的情绪。

女性一般会聚焦于情绪里，不高兴就哭。女性关注情绪本身，不会马上行动，不会解决问题，愿意待在情绪里不断去感受，也希望别人陪自己一起来感受。所以，女性面对情绪的逻辑是“光我难受不行，你得陪我难受”。男性就会想：你一个人难受还不够吗，还要两个人难受，难受能解决问题吗？这就是婚姻生活的悖论，有不少妻子认为自己的丈夫不理解自己、不温柔，就是因为丈夫不能理解自己的情绪。尤其是妻子情绪比较强烈的时候，男性的本能反应是逃离，或者是有事说事，该解决问题解决问题，不要哭，不要闹，这是男性的处理方式。

有个洞穴效应能解释男性如此表现的原因。男性的情绪管理模式还是原始人的时候就开始形成了。在原始人的时候，男性是负责打猎的。打猎是一个高风险的活动，必然有很大的压力。男性都有一个自己的洞穴，打猎回来后，他们回到自己的洞穴里去平静一下。很多女性可能不太理解，认为自己的丈夫什么事情都不说、不商量，“不跟我说想跟谁说呀”，会把这个事情想得很复杂，不允许男性用他自己的方式去调整。但是，男性在调节自己情绪的时候，会希望有一个自己的空间，女性要给他足够的时间和空间。

女性与男性不同，女性靠社会支持系统来调节。大部分的女性遇到事情，第一反应是说出来。如果跟家里人说不被理解，就去跟外面的人说，跟第一个人说完，跟第二个人说，有时候像祥林嫂。

“说”是女性表达情绪、调节情绪的一个很重要的方式，所以，她们会把自己周围的情绪支持系统全部利用起来，然后跟很多人去表达，去寻求支持。有极个别的女性，由于特殊原因，不能通过“说”来表达情绪。比如说《人民的名义》里高育良的妻子，她已经离婚，很压抑，但为了维护自己的社会角色和照顾自己的面子，她一直隐忍不说，还要装得很幸福、很和谐，最后得了轻度抑郁症。所以，女性有了情绪之后，如果周围没有情绪支持系统，是比较糟糕的事情。

我们平时认为，女性更关注家庭，现在发现，女性在家庭里的情绪体验并不好。研究表明，女性在工作的时候比在家的时候有更多的正面情感状态。其实这不难理解，在家里，女性承担的责任会比较多，家里纷繁复杂的关系和感受会让女性感觉到更多困扰。相对来说，工作更简单一些，在工作过程中更放松，有更多正面的情绪和情感。很多单独带过孩子的妈妈表示，工作简直就像度假。

与之相仿，男性虽然看起来更重视在外面的工作，但在家里的时候会有更多的正面情感状态。因为男性在工作上要求更严谨、更隐忍，在工作中不放松，所以在家里时更放松，可以体会到更多的正面的、轻松愉悦的、单纯的幸福感。这就是家庭氛围对男性的心理健康和生理健康的影响更大的原因，女性要重视这个问题。

在社会发展的这个阶段，男性评价自己的标准仍然是外部成就的高低。所以，男性会花更多的时间在事业上，很少会去学怎么处理情绪。相对来说，女性的成就型压力不是很大，女性有条件放慢速度，停下来觉察自己。所以，对情绪管理，当代女性要负起更多的责任。并不是女性能力差，更需要学习，而是女性觉察自己情绪的能力本身高于男性，学习的效果也优于男性。这是时代赋予女性的一个重要的社会使命。

情绪可以分为真正的情绪和扭曲的情绪，要识别它们并不难。

真正的情绪有以下特点：

~ 有助于解决问题。

~ 有助于对方了解你的真实需求。

~ 有助于增进关系。

反之，扭曲的情绪有以下特点：

~ 激化问题。

~ 错误理解需求。

~ 破坏关系。

咨询室　容易受家人情绪影响，应该怎么做？

我非常容易受女儿（现在读高二）和爱人情绪的影响，他们情绪不好的时候我的情绪也马上变坏。我该怎么做，才能扭转他们的情绪或者不受他们情绪的影响？

答：在亲密关系中，我们会和身边的人情绪同步，同时想为对方的情绪负责。所以我们总是关注自己怎么做才能扭转他们的情绪。但是，每个人都需要表达自己的情绪，人不可能天天高兴，尤其是一些在外面不敢表达情绪的人，很容易把情绪带到家里。

比如说，你女儿可能不愿意在学校表达自己的情绪，你爱人也不愿意在他的工作岗位上表达自己的情绪，因为他要维持自己的社会形象。所以，他们两人就把情绪带到家里来了。他把情绪带到家里来，不是希望这个情绪马上过去，是希望自己能待在这个情绪状态里一段时间。

比如说，我今天经历了不高兴的事情，我可能要坐在这儿，让自己难受一会儿。负面的情绪也是有意义的，因为每个人都是一个活生生的人，不是神，所以都需要体会负面情绪，这个过程非常重要。

当你女儿和爱人情绪不好的时候，你首先要做的是允许他们待在自己不好的情绪里，这也说明你尊重了他人的情绪界限。有时候我们不愿意称亲人为“他人”，实际上，我们必须面对这样一个事实：即使是亲人，他也是和我们自己不一样的人。

当你这样做之后，自然就可以不太受他们情绪的影响。他们不高兴，可以到自己的屋里去听听音乐、喝喝茶，或者自己躺一会儿，你该做什么就做什么。很多人，尤其是男士，需要这样一个过程，也需要自己一个人的空间和自由。

其实，这样一种允许能达到两个目的：一是你允许他们释放情绪，就能做到不受他们情绪的影响；二是当你允许他们跟自己的情绪共处一会儿之后，他们的情绪一会儿就过去了，人是有自己消化自己情绪的能力的。

同时，你需要知道，对方不高兴并不是你这个妈妈、妻子做得不好。有了这个认知，你也能够比较平和地接受他们的情绪。一旦你接受了，他们自己自然而然有情绪转化的能力。如果他们想表达，我们还可以做些什么？最需要做的就是倾听和理解，而不是评论或者出主意。

第二节　常见情绪的管理

一、常见情绪之喜悦

大家可能觉得奇怪，和压力相关的情绪一般应该是负面情绪，为什么要先讲喜悦。

在多年从事心理咨询工作的过程当中，其实我们就是在和不同的人的压力打交道，大家都是有了应对不了的压力才来做咨询的。在这个过程中，我们看到许多来访者不同的表现。我们在想，为什么有的人面对生活中的压力和负面的事件，恢复能力比较强、比较快，沉浸在压力情境中的时间比较短，躯体化反应也比较少，另外一些人则相反。比较之后，我们发现，正面情绪起到了关键的作用。

容易被好玩的东西吸引，容易感受到喜悦和快乐，这是前面提到的人格结构里一种很重要的状态，即自由型儿童自我状态。我们发现，自由型儿童自我状态高的人，感受喜悦的能力很强。这类人在不停地感受喜悦的过程中，心理积累了能量，情绪处于正向状态和身体放松的时间比较多。同样的压力事件来了，他的身体反应和情绪反应都不会很严重，会在相对放松的情况下去应对压力。所以，我们首先要关注自己对积极情绪的感受力。

1. 喜悦情绪的积极作用

作为积极情绪的代表，对喜悦的一个基本解释是，我们会感到高兴或者愉快。喜悦有很多近义词，如快乐、开心、兴奋、得意、快活和欣喜。对积极情绪的研究证明，积极的情绪对我们的身体也会产生积极的影响，比如说积极的情感对荷尔蒙的生成、免疫系统都有好处。

研究证明，好奇心对高血压和糖尿病发生指数下降都有帮助。即使不通过这些研究，我们自己也能知道，在生活中，一个人处在开心、喜悦里的时间比较多，身心健康的程度就会比较好。既然开心的情绪对我们有这么多的好处，为什么有的时候我们无法保持呢？因为积极情绪本身需要能量，并且有不同的表达渠道和方式。很多人没有这样的能量，也不善于用各种渠道和方式表达喜悦。

有的人通过了一个考试，就把一些人召集起来一起吃饭庆祝，这是用仪式来表达喜悦。有的人用语言来表达喜悦，比如幼儿园的孩子可以绘声绘色地讲，他做了一个怎么样的剪纸，老师是怎样表扬他的，小朋友是怎么说的，他觉得特别开心。同时，还可以配合身体语言来描绘喜悦的心情。

用身体语言来表达喜悦是很多人的局限。比如，我们说一些成语——眉飞色舞、手舞足蹈，这些表达喜悦的方式在成年人身上很少出现。其实，当人这么做的时候，比如高兴得蹦了起来，对身体是一种舒展，是在打通脑、身、心的关系。因为大脑认同了这件事情，感受到了这种喜悦，然后身体也表达出了这种喜悦。一个人脑、身、心一致的体验越多，对情绪的表达和感受力就会越强，身体就会记住这种愉悦的感觉。

无论用哪种方式表达，我们一定要在喜悦的事情到来的时候，让自己的身体和情绪在喜悦的状态下多待一点时间。在逐渐养成这样的习惯后，你就会发现，在积极情绪和消极情绪之间，你可能慢慢偏向积极情绪了。

2. 不表达喜悦情绪的原因

为什么有很多人不去表达喜悦的情绪呢？其实是有很多禁止信息阻碍了我们去表达。

第一个禁止信息是“不准亲密”。比如，有时候我们想向亲人表达喜悦，就会想在家人面前像孩子一样蹦跳着去说这件事情。但是生活中，有些人在亲人面前反而不能去表达喜悦的心情。可能因为小时候，当他想对父母表达喜悦的情绪时，受到过父母的拒绝或者指责。这时候，孩子会形成“我不要在家人面前表达喜悦”的禁止信息，因为当他表达自己成功或喜悦的情绪时，会遭到否定。比如，“你怎么这么骄傲呀，多大点事，至于这么高兴吗”。慢慢地，他就会形成“我有了好事也不能对亲密的人表达”的习惯。

第二个禁止信息是“不准重要”。上文讲到仪式的时候，有人就会想自己家从来没有仪式，或者父母从来没有为自己举办过仪式。其实，仪式就是让一个个体在某个系统中有存在感、感觉到自己很重要的一种方式。比如，有些家庭会在孩子小的时候给他庆祝百日、庆祝周岁；有的家长还会让孩子抓周，会大摆宴席，然后在孩子长大的过程中，每个生日都比较隆重地去庆祝。通过这些仪式，让孩子感受自己的重要性。如果孩子从小没有被这样对待过，他就会觉得自己在这个家庭里不重要。当他自己有高兴的事情或者成功的事情时，他也想不到要去庆祝。

第三个禁止信息是“不准像个孩子”。孩子无论有什么样的情绪，都会直接地表达出来。他觉得开心的时候又蹦又跳，不停地跟大人说。如果一个人这样表达会受到父母的指责，说他不稳重，那么久而久之，这个孩子就会学着保持“稳重”，有什么成功的事情也要憋住，不把它说出来。

喜悦，是一种可以传染的情绪。当我们表达喜悦情绪，另外的人接受我们的喜悦情绪时，这种情绪会逐渐蔓延到整个家庭、整个组织。同样，喜悦也是一种容易被扼制的情绪，当系统里有人压抑积极的喜悦情绪时，整个组织或整个家庭就会沉闷下来。

每个家庭对情绪的取向都不同：有的家庭整体很平静；有的家庭风波不断，每天争吵、愤怒；有的家庭每天都沉默、悲泣，甚至抑郁和焦虑；有的家庭整体很欢快。所以说，每个人能否自然地表达喜悦情绪，跟他的家庭背景紧密相关。

有的家庭会禁止表达喜悦情绪。例如，如果某人的妈妈很小就遭遇背叛、打击或者是耻辱，她就会被笼罩在这种氛围之下。如果没有得到过专业的帮助，她可能每天都有负面情绪。当有这么一个妈妈的时候，这个家庭就很难有喜悦情绪的流动。因为喜悦是需要能量的，喜悦需要一个人身心放松，需要她能感受生活中的幸福，一个有能量的人才可以在生活中经常表达喜悦的情绪。

从创伤中走过来的妈妈是没有能力感受到喜悦的，她会对整个家庭产生影响。对其他的成员来说，尤其对孩子来说，他会想：如果我天天都那么高兴，好像是对妈妈的背叛，“她都那么不开心了，我怎么还能这么开心呢”，所以孩子就很难体会和表达喜悦的情绪。

过去，我们过多关注负面情绪，对积极情绪关注得太少了。所以，当你读到这里的时候，可以做以下练习：

此时此刻，你能想到的三件开心的事是什么？闭上眼睛，回忆那个场景，记住那个画面，觉察自己的身体反应。想到这三件事的时候，身体哪些部分比较舒服？如果可以，你愿意向谁分享这三件事。把这个练习坚持一周，你一定会有惊喜的。

二、常见情绪之愤怒

愤怒是一种强烈而真实的情绪，不论是表达的人，还是承接的人，都会非常不舒服，所以很多人压抑自己的愤怒。但我们需要认识到，愤怒这种情绪对我们的生存非常重要。比如说，当别人故意碰了我们一下，我们只会轻微地表达不满的情绪。但当他持续冒犯你时，你就会发现，只有当你愤怒时，他才会停止对你的伤害。

这个时候，你的愤怒情绪就变成了对自己的一种保护。对方也会意识到，如果他再碰你，你的愤怒情绪可能会产生行为来伤害他，他必须停止了。所以说，愤怒会帮我们与他人保持一种界限，让我们更好地生存。

表达愤怒的方式大体分为四种。

第一种方式是语言表达。这是最直接的方式，可以冲着一个人大吼大叫，让他不要再这么做了，或者说“你怎么能做这样的事情呢”“我恨你，太可恨了”“太让人生气了”之类的话。

第二种方式是身体语言。一般人表达愤怒的时候，肢体是有动作的，很少有人单纯靠语言来表达，因为愤怒是一种比较强烈的情绪，靠身体语言才能更充分地呈现。一般人在表达愤怒的时候，会面红耳赤，握紧双拳，瞪大眼睛，甚至会有一些攻击性的行为，这些都是身体语言。有些人没有明显的身体语言，但他往那里一站就有一种杀气，很明显内心有一种愤怒的情绪，这也是身体语言。

第三种方式是疾病。有些人会用生病的方式来表达愤怒。如果一个人愤怒的时候压抑情绪，不对外释放，便会向内转化，最后用平静代替了愤怒。可是愤怒去哪儿了？实际上，愤怒直接去了身体的某个部位，因人而异。生气时，男性的胃部、肝部反应会多一些，女性的生殖系统反应会多一些。

第四种方式是用其他的情绪来代替愤怒。很多人创造性地用自己觉得安全的情绪来代替愤怒。有一位咨询者，她有时候会非常困，想睡觉。睡一小会儿后，她突然醒来，感觉头痛。这时候，让她犯困的事情一般是让她愤怒的事情，这些事情会浮现在她脑海里，这是她愤怒的模式。当她愤怒的时候，身体语言先出来——犯困，迷迷糊糊地睡觉。

我们发现，很多情绪方面有问题的人，过去会压抑愤怒。要处理这些压抑的情绪，有两种方法：一是进行心理咨询，处理那些压抑很久的情绪；二是找分享情绪的伙伴，当有情绪的时候，互相倾听。

压抑的情绪就像垃圾一样，需要经常清扫。比如，你跟老板有了冲突，如果你直接愤怒地表达出来，从现实层面来说，可能会对你自己造成损失。这个时候，如果你找一个情绪伙伴处理一下这个情绪，情绪强度就会降低，这个时候再去找老板说，就会稳妥、客观得多。

可以通过以下方式来管理自己的愤怒情绪：

~ 了解自己表达愤怒情绪的方式，是语言，是攻击行为，是疾病，还是其他情绪？

~ 学会觉察自己的愤怒情绪，了解自己愤怒的导火索。

~ 逐步降低自己的愤怒程度。

~ 处理过去压抑的愤怒情绪。

~ 有 2~3 个情绪支持系统。

~ 养成事后对愤怒情绪反思的习惯。

三、常见情绪之哀伤

有些压力事件会给人们带来哀伤。没有人喜欢哀伤情绪，但又无法逃避它。哀伤情绪结束需要多长时间呢？我们也不确定。人们经常说“时间是治愈的良药”，认为时间能把一切哀伤情绪都抚平。其实，如果对情绪不觉察、不处理、不表达，时间并不能抚平负面情绪带给我们的创伤。来看下面的例子。

小朋友涂涂在上幼儿园中班，这几天忽然不愿意去了。妈妈问她为什么，她说幼儿园的老师批评她了，跟她说话很凶，所以她不愿去了。然后，妈妈就问老师为什么很凶地跟她说话。涂涂说因为这几天她到了幼儿园后都会哭，不开心。

老师一开始劝她、哄她。第三天，老师发现她还在哭，就急了，说：“你怎么回事，每天都在哭？”妈妈就问孩子：“你到底怎么啦，为什么每天到幼儿园都会哭？”结果孩子的回答是：“因为‘五一’我和妈妈一起出去玩，玩得很开心。我觉得跟妈妈在一起特别开心、特别幸福。这几天妈妈要出差、要去讲课，不能跟我一起玩，我就特别特别伤心。我就要哭，我就要天天哭，那么伤心的事情，我就是要哭，哭很久很久。老师为什么要批评我？”

孩子的内心就是这么真实、脆弱，令人感动。这个孩子如此依恋妈妈，依恋和妈妈在一起的幸福。同时，对她来说，妈妈将要离开几天的哀伤是很大的。这个例子让我们看到，在一个四五岁孩子的心里，跟妈妈的分离是一件大事，她需要三四天去处理哀伤，每天都要哭一会儿，所以，这就是她治愈哀伤情绪所需要的时间。

人长大之后，对一些事情哀伤的时间也会长一些。但是通常情况下，我们太强调积极情绪了，要求自己坚强，不愿意表达软弱的情绪。包括我们经历亲人意外离世时，也不愿意表达哀伤，家里人坐在一起都装得很平静。实际上，根据儒家传统的孝道观念，朝廷官员在位期间，若父母去世，则无论此人任何官何职，从得知丧事的那一天起，必须辞官回到祖籍，为父母丁忧 27 个月。在丁忧期间，他从正常的社会功能中退下来，有足够的时间沉浸在哀伤情绪里，同时有足够的时间调整自己的心情，并且梳理家庭结构。

大部分现代人处理哀伤情绪的时间是远远不够的，生活中有许多细小的事情和情绪在当下的社会氛围里得不到尊重。我们会取笑一个多愁善感的人，认为他矫情。特别是当男孩哀伤时，人们会取笑他不勇敢，不像男人。我们哀伤的情绪去哪儿了呢？很多女性在看电视的时候，会跟着剧里的人哭。她们不是为剧里的人流眼泪，很多时候是为自己哭，哭的是内心压抑的哀伤情绪。

面对哀伤情绪，我们需要经历五个反应阶段。

第一阶段是否认。比如，有个人考雅思没有通过，但他是一个“学霸”。第一阶段，他不相信自己没有通过，认为是对方判错了卷子，他要查卷子，这就是否认阶段的反应。

第二阶段是愤怒。知道事实已经发生了，他要思考为什么这样的事会发生在自己身上。有一个孩子的父亲得了一场重病离世，这个孩子变得非常愤怒，无法跟母亲沟通。对这个孩子来说，他无法承受这么大的哀伤，他会愤怒地想：这个事为什么没有发生在别人身上，凭什么发生在自己身上。

第三阶段是解释，是讨价还价、找理由的阶段。人们会找理由做一些解释，认为让他们哀伤的这件事对他们来说是一件好事，然后分析好的部分是什么。比如，亲人离世时，很多人会安慰自己说，自己的亲人再也不用忍受病痛的折磨了，他的离开对他来说是好的。人们在用各种解释去缓解哀伤的情绪，让自己舒服一些。

第四阶段是放弃，变得非常消沉或者自暴自弃。前文中那个父亲得重病离世的男孩后来不好好上学，天天打架，越来越消沉。

第五阶段是接受。接受哀伤的情感，然后重新开始自己的生活。

以上是一个完整的哀伤情绪消失的过程，也是一个必经的过程。如果有的人依靠自己的力量不能走出哀伤的阶段和情绪，建议寻找专业的心理咨询师帮助处理。

四、常见情绪之恐惧

恐惧是人类应对外界风险形成的防御机制。有了恐惧，我们才会保护自己。从进化的角度来讲，恐惧是有积极意义的。当人面对危险的时候，有两种反应——战或逃。不能应对危险的时候，我们的第一反应是逃跑，这对人的基本生存是一种本能的保护。恐惧和焦虑是一对伴生的情绪，所以我们提到恐惧的时候，会同时提到焦虑。

比如，我们说到社交恐惧，同时会说到社交焦虑；说到考试恐惧，也会说到考试焦虑。

根据刺激源的不同，可以把恐惧分成四种。

第一种是社交恐惧，是对人际关系、事件和情境的恐惧。比如，很多人当众发言的时候会恐惧，开会或者讲课的时候会恐惧，或者面对异性的时候也会恐惧，这些都属于社交恐惧。

第二种恐惧跟死亡、受伤相关。比如，有人对医院恐惧，有人晕血或者晕针，这些都是和生命安全相关的恐惧。

第三种恐惧是对环境的恐惧。比如，有的人对密闭的空间恐惧，有的人可能怕水。

第四种恐惧是对动物的恐惧。这个在生活中比较常见，比如有的人怕老鼠，有的人怕蛇，有的人怕蜘蛛，每个人的刺激源是不一样的。

我们分别讲一下这四种恐惧的表现和应对方式。

第一种是社交恐惧，先从一个例子讲起。

男士，30岁左右，理发师，让他恐惧的情境其实就是他的工作情境。他在一边给顾客理发、一边与之交谈时，就会口吃，这是他的恐惧和紧张引发的一种外在行为。当他来咨询的时候，心理咨询师要寻找到让他恐惧的原因。因为他不是跟某一个顾客交谈会出现这种现象，他跟所有的顾客交谈时都会出现这样的情况。这样，就要从他自己身上找原因。心理咨询师发现，他在咨询的时候不口吃。

心理咨询师问他，跟咨询师谈话时，他会感觉到恐惧吗？他说不会。咨询师询问了一些他的现状。30岁对理发师来讲，是一个转折的年龄。在他们行业的职业规划上，大部分做这行的人都是十几岁出来做学徒，经过几年的学习和修炼逐渐成为技术总监，成为合伙人，30岁的时候要自己去开一家店。

咨询师问他，这条路他是怎么设计的？他说他也打算开自己的店。很有意思的是，他在说到这部分内容的时候，眼睛不能直视咨询师，而且声音开始降低。

这时，他的口吃现象就出现了。当咨询师重复一遍问题时，他的口吃情况更加明显了，所以这可能是让他感到恐惧的点。后来，咨询师询问他在开店这件事情上准备到了什么程度。这时候，他才开始面对这个问题。

他说他并没有准备好，因为要开店的话，最好有一个合适的合伙人和一个合适的地方，他到目前为止解决不了这个问题。而且他觉得在大城市里的一家大的理发店做技术总监，其实比回自己家乡单独开一家店收入还要多，所以他在开店和继续做技术总监的选择上是纠结的。

但是另外一方面他又会觉得，到这个年龄如果不去开店，就好像证明自己在这个行业混得不好一样。因为这个行业有这个评价标准，做得好的人都会自己当老板开店。他每次都想去跟他的顾客讲这个设想，好像讲到他要开店才能证明他是有能力的，是发展得比较好的。但实际上，他从心里并不认同，还挺享受这种在大店里做技术总监的感觉，比较自由，压力不大，收入还很高。所以，他一陷入这种冲突的时候，就进入了一种恐惧和焦虑相互伴随的状态，口吃的行为就出现了。

咨询师问他：现在说出来了，能够接受事实吗？或者可以接受自己在几年之内去开店？这个时候，他再说话就比较放松了。他说他现在能够接受再给自己两年时间。咨询师说，每个人发展的节奏都是不一样的，他一定有适合自己的节奏。他可以试着用这样的方式再去跟客人谈，看看是否还会恐惧和焦虑。在两次咨询后，他觉得自己可以接受晚几年开店的决定了。

另外一种社交情境是在一些大型的演出时，比如说演艺界人士去现场演唱，需要即时呈现一种表演形式时，会有些恐惧。一些人演讲和培训的时候，可能也会有恐惧情绪。

在讲课、培训或者演讲时恐惧，有时候并不是心理因素导致的，而是你没有重视这件事情，没有提前做充分的准备。其实所有人开始讲课之前，可能都会恐惧或者焦虑情绪，但你准备得越充分，你的恐惧情绪就越低。

比如，可以把每次课前 5~10 分钟的内容用逐字稿的形式进行演练，因为开始的 5~10 分钟是你跟听众建立连接关系最重要的一个阶段，能产生首因效应。如果前 5~10 分钟给大家的感觉很好，彼此就会很放松，他们对这个课就会有兴趣。5~10 分钟之后，老师也会很放松。

还有一种恐惧是对特定的人或者异性恐惧，又或者是对某一类人产生恐惧。这种情况就要去追溯恐惧者是否有创伤情境，即看他恐惧的这类人和他成长环境中的某个人是不是有相似的感觉，这个人曾经带给他什么样的创伤或者情绪。面对这种现象，可以引导他用当下的状态去看，如果再次面对当时给自己伤害的人，他会说些什么，或者会做些什么。当他把这样的一种情绪表达出来之后，情绪得到了处理，认知就会改变。再次面对这样的人或者这类人的时候，他的情绪反应就会降低。

第二种恐惧是和死亡、受伤相关的恐惧。对于死亡的恐惧是整个人类共有的恐惧，同时也是一个非常大的研究课题。有些特殊职业的人会接受这方面的培训，如飞行员和空乘人员。在他们接受的职业训练里，非常重要的一课就是死亡的训练，他们在很年轻的时候就会接受这样的培训。

真正面对这样不可预知的巨大灾难，我们没有办法预估每个人会有什么反应。

第三种是对于环境的恐惧。比如，有些人怕水，有些人害怕坐船，有些人害怕坐飞机。如果你能克服这些恐惧，就可以不去疗愈。如果说你的工作和生活需要你去处理这个部分，可以请专业的医生进行干预。

另外一种比较典型的环境恐惧就是密闭空间恐惧。比如，很多人进入电梯会感到恐惧，还有的人在地铁里呼吸不是很顺畅。这种密闭空间的恐惧不是每次都发作，往往是偶然性的或者间歇性的，一般会和当事人在那段时间的压力或者状态有关系。

如果某人在某个阶段的压力很大，他往往有一个爆发的症状，进入地铁或者电梯的时候，开始呼吸急促，甚至有的人像心脏病发作似的，喘不上来气，送到医院后会发现并没有器质性的病变，他的心脏功能是正常的。当咨询师跟他一起去面对他的重大事件和压力之后，这种伴随的密闭空间恐惧就会消失。

还有一种大家非常熟悉的恐惧是恐高，就是对于高度的反应。对于高度，每个人的身体反应不一样，那是身体本能的反应。有的人在高度变化的时候身体没有什么反应，有的人反应就大一些。

造成恐高的一个原因可能是童年时有从高处跌落或摔下来的经历。比如，在婴儿期被抱着玩的时候，突然掉到了床下，虽然没有被摔坏，但是这种从高处跌落的感觉仍然会在孩子的身体里形成一种恐怖记忆。所以，他在面对高处的时候，就会有一种失控的记忆和感觉。

这些一般要通过多次的回溯去处理，也有简单的行为训练方法，即不去找他的根源，只通过行为训练方法帮他一步一步地面对这种高处的情境。比如，让他从低一点的电梯到更高层数的电梯，逐步用系统脱敏的方法进行放松。

第四种恐惧主要是指对动物类的恐惧。比如，很多人害怕蛇、蜘蛛、老鼠等。要判断这是不是心理问题有一个简单的标准——它是否影响你的社会功能。比如，我们在城市里已经很难看到老鼠了，所以你怕不怕老鼠也不会影响你的社会功能，这就不需要去治疗了。

如果你一定要去克服这种恐惧，一般的方法是系统脱敏疗法。系统脱敏疗法是从比较低的刺激物开始，比如说你害怕蛇，就先给你呈现蛇的图片。你可能看到画面，没有声音，没有动感。接下来，你可以去看电视，最后，你可以去动物园的爬行馆去看真的蛇。在这个过程中，要配合呼吸和放松技巧。

五、常见情绪之焦虑

1. 焦虑情绪的特点

焦虑情绪已经成为这个时代的人们共有的情绪，它有两个典型的特点。

一是焦虑的目标和内容是指向未来的，是对未来的担忧和恐惧。比如，担心明天去考试的时候路上交通堵塞，自己会迟到；担心明天在重要的考试时候，自己会弄错时间。所有焦虑的内容都是指向未来的，是对未来的担忧和恐惧。

二是用当下的资源来面对未来的问题。人们会用现在所拥有的资源指向未来，很大一部分是想象出来的问题。我们会发现，到了明天，有一种可能是你所担忧的事情不会出现。另一种可能是，你所担忧的事情已经出现了，但是你已经拥有了比之前更多的资源，轻而易举就能解决问题。

焦虑的人喜欢后事前置。比如说某人下个星期要出差，结果他今天大量的工作都做不下去了，一直担心出差的事情。这样的人比较容易用语言去渲染焦虑的情绪，同时让这种情绪传递给他人。如果你生活中有这样的人，你就要去屏蔽他，不听他说话，或者远离他。

有的人是用疾病的方式来呈现自己的焦虑情绪。比如，有的人很容易上火，长口疮。还有的人会用更多的行为来掩盖焦虑。

比如，当一个人发现对工作无能为力的时候，会做很多其他事情，会安排疯狂地进修、学习、游玩，让自己变得越来越忙。

还有一种人用指责他人的方式来掩盖自己的焦虑。比如，有些家长自己在工作上不顺利，他不去面对这个问题，而是回到家指责伴侣或者孩子，用这种方式来掩盖自己的焦虑。

2. 焦虑情绪的分类

焦虑情绪主要分为两种类型。

第一类是急性的焦虑情绪发作。在发作期间，人会有很痛苦的体验，有时甚至会有植物性神经系统的症状，如心跳加速、心慌，甚至会有人格解体或者现实解体之类的行为。他已经不知道自己是谁了，可能会破口大骂，可能会指责，完全没有现实感。他会处于失控状态，这是急性焦虑情绪发作的症状。

第二类是广泛性的焦虑情绪。广泛性的焦虑情绪没有明显的对象和具体的内容，想到什么就焦虑什么。比如说他明天要坐飞机，他会想：天气怎么样，飞机安全吗？我的行李能顺利托运吗？那边有人来接我吗？这种焦虑情绪也会有明显的自主性神经系统的症状，会有一定的躯体反应。神经性焦虑症有两种体验：第一种是情绪体验，就是情绪上很强烈；第二种是身体体验，焦虑会让我们的躯体有非常明显的症状。

如果达到神经性焦虑症的程度，是需要借助药物来治疗的。平时如果我们性格里带有一些敏感因素，属于焦虑易感性的人格特质，便可以多做一些正念的训练。

可以用如下量表来测试一下自己的焦虑程度。

小测试——伯恩斯焦虑量表

（在过去数天内，根据下面各种情绪对你的困扰程度，算出相应的得分）

无	很少	一般	严重
0分	1分	2分	3分

焦虑情绪

1. 焦虑、神经质、烦恼和恐惧 （ ）
2. 感到周围的事情很奇怪或不真实 （ ）
3. 感到身体部分或全部不属于自己 （ ）
4. 突发的恐惧感 （ ）
5. 恐惧或濒死感 （ ）
6. 感到紧张、痛苦、烦躁或濒临崩溃 （ ）

焦虑想法

7. 难以集中注意力 （ ）
8. 思维杂乱 （ ）
9. 令人恐惧的幻想或想入非非 （ ）

10. 失控感 ( )

11. 担心精神崩溃或发狂 ( )

12. 担心晕倒或失去知觉 ( )

13. 担心患有躯体疾病、心脏病发作或死亡 ( )

14. 担心自己愚蠢或能力低下 ( )

15. 害怕孤独，担心被孤立或遗弃 ( )

16. 害怕批评或被拒绝 ( )

17. 担心会发生可怕的事情 ( )

躯体症状

18. 心跳过速、心律不齐或心脏搏动增强 ( )

19. 有胸痛、胸闷或压迫感 ( )

20. 脚趾或手指有刺痛感或麻木感 ( )

21. 胃部有不适感或抽紧感 ( )

22. 便秘或腹泻 ( )

23. 肌肉紧张 ( )

24. 出虚汗 ( )

25. 咽喉有梗阻感 ( )

26. 手抖 ( )

27. 双腿僵硬或发软 ( )

28. 感到眩晕、头昏或行走不稳 ( )

29. 呼吸困难或有窒息感 ( )

30. 头痛、颈或背部疼痛 ( )

31. 感到忽冷忽热 ( )

32. 感到疲乏、虚弱或易疲倦 ( )

量表分数说明:

0~4 分 正常或没有焦虑

5~10 分 边缘状态

11~20 分 轻度焦虑

21~30 分 中度焦虑

31~50 分 重度焦虑

51~96 分 极度焦虑或极度恐慌

提示: 此测试非焦虑诊断,只用于评估焦虑情绪的强烈程度。

第七章

自我放松技术

第一节　压力管理的扭曲系统

心理学书籍《保持自信》里有这样一段话：如果我们岁数还小，要想一切重新开始是很容易办到的。但我们许多人都已不再是年轻人，过去像一条疯狗似的跟着我们，不时地引起我们的注意，在生活的地毯上留下它脱落的白毛。即使我们能设法叫它去一旁躺下，它很快又会起来，死乞白赖地跟着我们。总之，我们永远摆脱不掉过去，无论好的、坏的、高兴的或悲哀的，全都一样。

这段话形象地描述了我们是如何被过去困住的，画面非常生动。尽管我们已长大，但儿时的需要和希望得不到满足的挫折感，在当下压力的呼唤下，让我们一次次重回过去，仿佛我们仍然是那个脆弱无知的孩子。

一、扭曲系统

每次被压力困扰时，人就像进入一个被扭曲的系统（见下页图），我们看不到当下的资源，看不到自己的力量，看不到别人的支持，不相信自己，也不相信别人。

系统里最根本的是信念：对自己、对别人，对生活品质的信念。进入扭曲系统后，所有关于“我不好”的信念铺天盖地而

来：年过40还要还房贷，我怎么这么没有远见，为什么不早买房呢？我怎么这么差呢，每个月工资这么低；今年升职又没能落实，领导对我还是不满意，当初我就不该走仕途；孩子中考失败，没有考上理想的高中，我这个当妈的真是失职……

我们很少只停留在事情本身以及如何解决问题的层面，总是很容易回到对自己的指责上。当然，更多的时候，我们是指责他人，如老公不够努力，孩子不争气，领导没眼光，等等。有时候，我们指责命运：命运太不公平了！

随之被启动的还有情绪、身体的反应和习惯化了的行为。比如，如果一个人有个酗酒的父亲，当他受到压力时，应对压力的第一反应可能就是喝酒。当然，更多的人可能会回避，遇到压力就躲起来。很多人的胃病、颈椎病、关节炎都是压力的身体反应，这时候，他体会到的疼痛感远远高于器质性病变的严重程度。

最后，我们会用当下的挫败感再一次验证我们的人生信念：

看，活着就是这么不容易；看，我这个人从来就没有好运气；看，人生就是你越想要什么，越不可能得到。

二、建立自主系统

面对压力，我们需要下决心：不再用过去的信念和模式来应对压力，我需要自主的力量，启动自己的成人自我状态，给自己注入新的信念，寻求关系中的安抚，来解决当下的问题。

这就需要重建一个自主系统，包含以下几个方面：

~ 更新信念和感受。

~ 学会自主的行为。

~ 强化新的成功体验。

要实现这个过程并不容易，有的时候需要追根溯源。先看下面的案例。

银行经理，男，32 岁。不敢和自己的母亲说他找的女友是离过婚的。

信念：不希望和母亲产生冲突，犹豫是现在分手还是继续和

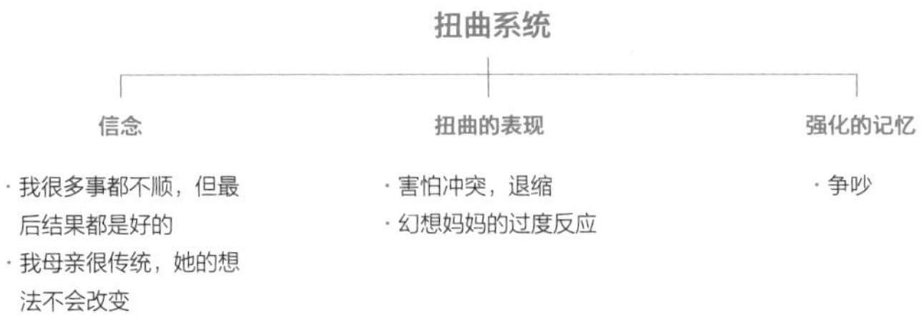

女友好下去？

扭曲的表现：害怕冲突，退缩，准备软抵抗，幻想。

强化记忆：争吵。

在咨询过程中，他回忆了父母多次冲突争吵的场面，表达了自己从小害怕的感受，以及上次自己失恋后母亲给自己的很多同事打电话的情景。同时，他幻想母亲这次如果知道了，也会去单位找很多人问这个女孩的情况。

可以先从以下几个方面来分析：

~ 面对并接纳自己回避的态度，因为应对一个固执而强悍的母亲是非常不容易的。从小的适应状态很难改变，首先承认自己的无助和害怕。

~ 表达曾经受到的创伤并描述它：表达小时候面对父母争吵时的恐惧和无助。这个过程可能需要多次重复，很多幼时的创伤画面不止一个。有时候，同时和同类的创伤性事件会连接起来，如上次失恋事件中母亲的干预。

~ 最近什么具体事件诱发了这些记忆？是某次的试探性谈话中母亲的态度，还是她说了哪句话？自己对母亲行为的推测是客观的，还是幻想中的恐惧？

~ 自己的内部有冲突吗？当自己决定回避时，有没有冲突，内心有没有渴望为了自己的幸福再努力一把。

~ 强化渴望的部分，调动成人自我状态，为解决问题寻找新的模式和支持系统。最后，他发现父亲和舅舅是很好的支持系统。

通过以上分析，可以建立以下自主系统。

自主系统

自己

· 我有能力解决自己的问题
· 我可以准备好再去和母亲谈

他人

· 父亲和舅舅可以帮我一起面对冲突

成功的经验

· 母亲没有想象中那么固执

应对压力是需要改变的，我们把这种改变叫作再决定。

面对冲突，不再回避，不再压抑自己的感受和真实的想法，这是改变；面对突发事件，不再一个人扛，可以寻求周围的社会支持，这是改变；面对困境，不再装着坚强，可以示弱，告诉别人你很害怕，这也是改变。改变有很多种，而最重要的是第一步，我们知道自己可以改变。

积极的态度可以带来改变，消极的态度则不能。综合前面几个章节的内容，我们可以得知：

~ 关于压力的源头。遇到压力时指责自己是最无效的一种行为，心理地位中那些“我不好”的信念是时候清除了。

~ 关于生存方式的驱力和禁止信息部分。完美、讨好、坚强、快、努力都不是生存的唯一方式，它们都是可以松动的。我们不用这么严苛地要求自己，也不用这么严苛地对待别人。同时，我们需要接受并确认自己生来就是重要的、有价值的、能成功的、可以享受生活的。不论父母或其他重要他人曾经如何对待我们，不论我们的成长过程中经历了什么，我们都值得轻松、愉悦、充满荣耀地去追求属于自己的生活。

~ 学会沟通，在关系中寻求安抚和支持。有一次，我们问一个 70 多岁的老人“什么是爱”，她说“沟通就是爱啊”。我们永远无法一个人生活在世界上，面对所有的压力，愿意开放地与周围的人联结，是压力管理中最重要的源泉。

~ 学会自我安抚。相信自己的力量是应对压力的核心，学会在应对压力的过程中不断肯定自己，保持自信。

咨询室　来自父母的信念可以改变吗？

很小的时候，我就认同我妈的观点：我爸不可信，女人只有靠自己。十几岁的时候，我就发誓自己长大后绝对不要像我妈那样，找一个懦弱的男人，活得那么辛苦，没有男人可依靠。我该如何改变这个想法？

答：首先你要思考一下什么叫“可信”。如果你的“可信”是指男人会在任何时候无微不至地保护你，满足你的所有要求，解决你的任何问题，那这个世界上几乎没有男人是可信的。

可信并不是可依赖。女人在婚姻中不能把自己当小女孩儿，期待男人解决所有的问题。每个人在心理上都有三个自我状态：

父母自我状态、成人自我状态和儿童自我状态。女人进入婚姻后，也要用自己的成人自我状态去面对问题，用父母自我状态去养育儿女和照顾伴侣，当然也用儿童自我状态去依赖对方，但绝不能只有儿童自我状态。这是中国传统文化中的负面影响，认为男人应该是靠山。其实幸福的婚姻中，都是女人保持了人格的完整和心理的独立。

当你认同你妈妈的信念时，你已经不在成人自我状态了。你对你爸爸的看法也已经有失偏颇。婚姻中，不存在完全可信的男人，也少有完全不可信的男人。你的妈妈会绝对化地否定伴侣，可能有种种原因。但你需要开始独立思考、客观评价。婚姻幸福与否，从来都不是一个人的问题。

第二节　放松技术

你无法阻止鸟儿从你的头顶飞过，却可以阻止鸟儿在你的头顶筑巢。在生活中，我们无法阻止压力，但我们却可以减轻自己的压力反应。学会从身体到心理的放松是每个心理健康的人的必备技能。

放松技术像开车一样，是需要学习和练习的技能，每个人适合的放松方法也不一样。希望你能在下面的传统技术和现代的心理学技术中，找到最适合自己的放松技术。

一、相互倾听法

负面情绪就像房子里的灰尘，需要天天清扫，而相互倾听是效果最好的一种方式。用倾听来互相帮助的方法是美国的哈威·杰肯斯在20世纪50年代创立的，这种方法称为再评价咨询，又称“相互咨询”，意为通过倾听来重新评价发生在自己身上的事。

它的理论根据可简单概括为活跃的思维和理智的决定出自健康的心态，而这种用倾听来互相帮助的方法可以使人们及时地清除因各种伤害造成的负面情绪，保持健康的心态。

相互倾听的方法主要有以下要点：

~ 不评价、不建议、不干预，问过程、问感受、问期待。要相信每个人都有解决自己问题的能力，他只是暂时遇到了困难，只需要在被倾听中澄清自己的思路，找到适合自己的方法。

~ 每次倾听都是相互的。你们可以建立契约，约定每个人分别说多长时间，这样有助于保持倾听的平等性，不会产生内疚感，即我是不是把自己的麻烦带给了别人。

~ 保密。保密当然非常重要。你打算跟对方说自己生活中的什么事情？有多坦白呢？这一切取决于你对他的信任程度。所以，彼此应该有个约定：不可以向任何人透露在相互倾听中说的任何事情，理解这一点是相互倾听的基础。

我们每个人最好都能有两个到三个倾听伙伴。如果愤怒指数满分为 10 分，你对一件事情的愤怒指数到了 8 分，你找一个倾听伙伴说了一遍后，这个指数可能就降到了 6 分，甚至有的人说一遍后就能降到 4 分。如果你觉得说一遍不够，可以找第二个人再说一遍。其实说的过程就是自我梳理的过程。

二、身体放松技术

1. 关注呼吸

很多时候，在压力之下，我们甚至忘记了呼吸。此时的身体是紧张而不自知的。

关注自己的呼吸，需要在一个安静、舒适的环境下逐步练习，以减少外部干扰。刚开始学习关注呼吸时，要全神贯注，但是，偶尔还是会走神，这种情况很普遍。觉察到杂念，摒除它们，重新把注意力放在呼吸上。100 次走神，100 次回到呼吸上，本身就是一种放松。

2. 听音乐放松

音乐是一把神奇的钥匙，任何紧锁的心门都能被它开启。音乐治疗是一种非常流行的放松技术。一项在美国进行的研究表明，超过 75% 的被调查者把听音乐当作最常用的压力缓解方式。

一些音乐学者认为，聆听特定类型的音乐，会激活不常用的右脑加工过程，提高人类对新观点的接受程度。音乐可以通过很多途径来安抚我们焦虑的心灵，同时也能提高人类的创造力。

尽管对音乐放松技术的研究才刚刚开始，也尚未完全明确音乐影响人类机体的机制，但它的益处确定无疑。每天在自己喜欢的音乐中起床，工作疲劳时听上一曲舒缓的音乐，甚至晚上在音乐中入眠，都是可以尝试的放松方法。目前一些院校已经有专门的音乐心理治疗专业。

3. 冥想

也许你会觉得冥想是一种积极的心理暗示，但冥想更是一种自我觉察与自我对话。通过这样的对话，我们进入生命深处。在冥想中，我们不是信息的被动接受者，而是生命的发现者和生活的创造者。我们不仅可以感觉自己、问候自己、陪伴自己，也可以发现自己、改变自己、创造自己。

冥想所带来的心理体验是非常丰富的。它不仅让我们从躁动中安静下来，使大脑进入一种开放状态，以便在新的一天中有新的发现和新的学习，还使我们的意识和潜意识联结起来，使躯体和心理联结起来，使过去、现在和未来联结起来，使个体生命和世界、宇宙联结起来。这一切都使我们更有力量、更有智慧去做出选择和改变，成为“一个美妙的、充分伸展的人类生命”。

冥想常常与关注呼吸、肌肉放松和音乐放松结合起来使用。

步骤1：肌肉放松

请找一个自己最舒服的姿势，闭上双眼。深深地吸气，慢慢地呼气，重复3次。请将注意力放在你的额头上，感觉有一股暖流慢慢地流到你的眉毛上。紧皱的眉毛舒展开了，紧咬的牙齿也放松了，嘴角微微上扬。脸颊的肌肉也慢慢地放松开来，再放松，更放松。

这股暖流流到了颈部、颈椎，你觉得颈部放松了，颈椎也放松了。血液流动得非常流畅，慢慢地，这股暖流流向你的双肩，你的双肩放松了，每一块肌肉都非常放松，特别舒展，暖暖的，非常舒服。

这种温暖的感觉流向你的前臂，你的前臂放松了。又慢慢地流向你的小臂，你的小臂放松了。然后顺着你的手掌心慢慢流向你的手指尖，你的手心暖暖的，非常温暖，非常放松。所有的疲惫都从你的指尖流走了，你有一种无拘无束的感觉，这种感觉真的好极了。

你的胸部放松了，你的躯干放松了，你体验到一种前所未有的放松感觉。你的髋关节放松了，你的臀部放松了，你身上所有的肌肉都非常放松，非常舒服。

步骤2：专注呼吸

这股暖流流到了你的腹部，暖暖的。深深地吸气，感觉腹部在膨胀。慢慢地呼气，感觉腹部在收缩。深深地吸气，慢慢地呼气，重复3次。

步骤3：冥想体验

放松地坐在椅子里，让自己完全跟着音乐走。不论你有什么样的思绪、感受、情绪和想象的画面，让它们都自然地出现吧。

远处传来悠扬的乐曲。现在，随着音乐，有意识地与呼吸结合。或许你会留意到音符也在你的身体里，被身体的各部分接收。呼吸的气息正在进入你的身体。如果能让身体更为放松，呼吸将会非常好地开展它的工作。

总结过去

现在，让我们来到内心深处保存记忆的地方，那里记载着我们过去的一年的经历，那是我们所拥有的美丽资源。我们回到了过去，观察和思考着在过去的每日、每周、每月里，我们做过什么，看看我们拥有着什么，我们做出了什么样的结论，我们在应用哪些过去的经验，以及我们在使用什么样的谈话方式。

如果觉得它们不再合适了，那就放手让它们离开。或许，它们曾经一度很适合我们的需求。而现在，我们再看看有哪些东西是适当的，带着它们和我们共同迎接未来。同时要注意到还有什么事是我们需要而尚未拥有的，请允许自己去创造新的东西。

展望未来

再一次与呼吸结合，深深地吸气，慢慢地呼气，重复3次，感觉身体充满了一股全新的力量。此时，你注视着自己，感觉自己充满了活力，充满了希望。现在，展望一下你一年之后的模样，看着那时的自己，是否有什么事情是你希望自己在此之前就已经完成的？如果有的话，请把它当作你目前的一个资源。看看有没有什么事是一年后你希望自己已经拥有的？有什么事是一年后你希望自己已经改变的？

静静地聆听这些信息，并把它保存在某个地方，或许它会对现在的你有所帮助。在你展望未来的时候，留意自己的美好与许多的可能性。

结束

现在，请再一次关注的呼吸，深深地吸气，慢慢地呼气，重复3次，然后在心里从10倒数到1，告诉自己到达1的时候便会酣醒，精神畅快及充满活力。10、9、8、7、6、5、4、3、2、1，数完后，慢慢睁开你的眼睛，轻轻转动一下脖子，伸展一下全身。

4. 进行绘画等艺术性治疗

以绘画为主要形式的艺术治疗，已经运用于多个领域来处理情绪困扰，甚至用于治疗癌症病人。用艺术治疗来处理压力，可以很灵活。例如，你可以画出任何你想画的东西来表达用语言难以描述的感受。

5. 练习瑜伽

瑜伽是近年来比较流行的身体放松方法，目前并没有临床研究来证明有规律地练习瑜伽可以改善整体健康状况。但有研究证明，瑜伽与其他放松技术，包括腹式呼吸、有氧运动和娱乐等结合在一起，能有效地治疗药物依赖和酒精成瘾，对缓解压力有一定的作用。

瑜伽可以增强身体的柔韧性，不同身体姿势的练习会锻炼肌肉的力量和灵活性，尤其对背部疼痛有缓解作用。同时，瑜伽带来的最大益处是身体的觉知会更敏感。现在的工作和生活方式导致越来越多的人久坐不动，肌肉力量、柔韧性、平衡性、敏感性和耐受性都比较差，练习瑜伽可以使人对这些方面的感受性增强。

6. 按摩

按摩是一种放松技术，是对皮肤，肌肉、韧带以及结缔组织进行推拿，以减轻肌肉的紧张感，增加肌肉组织及其周围关节的舒适度。

研究者在不同的人类群体中对按摩疗法进行了研究，这些群体包含早产的婴儿、大学生、白领、被慢性病困扰的老年人。所有这些研究都发现，按摩是一种非常好的放松技术，不仅能促进身体放松，还能带来别的与健康有关的益处。

有研究证明，如果每天连续 3 个小时对早产婴儿进行 3 次 15 分钟的按摩，持续 10 天，能够促进早产儿的生长，这也与前面讲到的身体安抚一致。中国的传统中医在按摩方面是非常擅长的，我们很容易找到相关的资源来放松自己的身体。

7. 用食物缓解

在民以食为天的中国，我们不应该忽视食物在缓解压力方面的贡献。食物不仅能填饱肚子，还可以减轻焦虑等消极情绪。越来越多的人已经注意到营养均衡对自己的重要性。

三、旅行

旅行可以让我们离开自己熟悉的压力情境。新的环境会打开我们的思路，放松我们的身体。沟通分析心理学创始人艾瑞克·伯恩说：2 周的假期可以除掉浅层的前事后置，之后便会有几天无忧无虑的生活。要吸收长期的前事后置，或更深层的后事前置，至少需要 6 周的假期。

四、寻求专业支持

面对压力，每个人都有自己的潜力。但如果遇到大的应激事件，或者发现自己在应对压力时总处在困境之中，也是正常的。那可能表示你有一些未处理的创伤，或者压力超出了你目前的应对能力。在这种情况下，寻求心理咨询等专业帮助是一种积极的行为。

图书在版编目（CIP）数据
你好，压力：心理减压手册 / 西英俊，徐丽丽著. -- 北京：中国工人出版社，2019.3
ISBN 978-7-5008-6880-4
Ⅰ.①你… Ⅱ.①西… ②徐… Ⅲ.①心理压力—调节（心理学）—通俗读物
Ⅳ.①B842.6-49
中国版本图书馆 CIP 数据核字 (2019) 第 053205 号

你好，压力——心理减压手册

出 版 人　王娇萍
责任编辑　习艳群
责任印制　栾征宇
出版发行　中国工人出版社
地　　址　北京市东城区鼓楼外大街 45 号　邮编：100120
网　　址　http://www.wp-china.com
电　　话　（010）62005043（总编室）
（010）62005039（印制管理中心）
（010）62382916（职工教育分社）
发行热线　（010）62005996（010）82075964（传真）
经　　销　各地书店
印　　刷　三河市国英印务有限公司
开　　本　880 毫米 × 1230 毫米　1/32
印　　张　7.25
字　　数　150 千字
版　　次　2019 年 5 月第 1 版　2024 年 5 月第 7 次印刷
定　　价　39.00 元